激光诱导 1064nm 增透熔石英窗口损伤技术

蔡继兴　金光勇　著

国防工业出版社

·北京·

内 容 简 介

本书介绍了激光与熔石英窗口作用的研究进展和物理机制，以及作者近年来在激光诱导1064nm增透熔石英窗口损伤研究领域取得的一些研究成果，包括激光诱导熔石英窗口损伤过程建模、激光与熔石英窗口相互作用过程仿真、在线系统测试1064nm增透熔石英窗口损伤演化过程、离线系统测量1064nm增透熔石英窗口损伤特性，同时也对激光诱导熔石英窗口的损伤阈值判定进行了阐述。

本书可供高等学校、科研院所、企业单位中从事激光与物质相互作用方向研究的师生及科研工作者学习和参考，也可作为光电信息科学与工程专业和应用物理学专业本科生的教材。

图书在版编目（CIP）数据

激光诱导1064nm增透熔石英窗口损伤技术/蔡继兴，金光勇著. —北京：国防工业出版社，2020.12

ISBN 978-7-118-12281-7

Ⅰ.①激…　Ⅱ.①蔡…　②金…　Ⅲ.①石英—熔融—激光损伤　Ⅳ.①TN304.81

中国版本图书馆CIP数据核字（2020）第271770号

※

国防工业出版社出版发行

（北京市海淀区紫竹院南路23号　邮政编码 100048）

北京虎彩文化传播有限公司印刷

新华书店经售

*

开本 880×1230　1/32　印张 4¼　字数 116千字

2020年12月第1版第1次印刷　印数1—600册　定价 121.00元

前　言

　　激光与熔石英窗口相互作用的过程与目标特性、作用激光参数和作用条件的多样性密切相关。不同的激光参数条件对同一种目标会产生不同的损伤结果，同一激光参数条件下不同性质的材料也会出现不同的损伤情况。目前在大能量激光系统中使用大量的熔石英窗口元件，它们一旦发生损伤，在后续激光的持续作用下其损伤点的横向几何尺寸和纵向损伤深度均会迅速增大。当熔石英窗口损伤区域的面积总和达到一定比例后，它将被视为彻底破坏而不能继续使用，其带来的损失将是巨大的，甚至影响整个激光系统的使用寿命和安全稳定运行。

　　国内外广大科研工作者已对激光辐照熔石英光学元件进行了较深入而宽泛的研究，针对其损伤原因和损伤机理做了大量理论与实验工作，取得了丰硕的研究成果。本书主要针对波长为 1064nm 的毫秒脉冲激光与熔石英窗口相互作用过程涉及的温升过程、热致应力应变过程和激光支持燃烧波传播过程进行相关理论和实验方面的阐述。具体安排如下：

　　第 1 章为绪论。介绍了激光的产生，激光与物质相互作用的物理过程，国内外有关激光与熔石英窗口相互作用的理论和实验研究现状，并对长脉冲激光与短脉冲激光诱导熔石英窗口损伤的区别进行了阐述。

　　第 2 章从理论上对长脉冲激光诱导 1064nm 增透熔石英窗口损伤所涉及的温升过程、热致应力应变过程以及激光支持燃烧波过程进行了分阶段建模阐述。其中，在温升模型部分，推导了适用于多层结构目标的激光内部热源表达式；在热致应力应变模型部分，推导出轴对称瞬态热应力场的表达式；在燃烧波扩展模型部分，考虑到逆韧致辐射、热辐射、热传导和对流等能量传输过程，以及目标温度残余、目标表面气流状况的分布等效应实现了对模型气体动力学结构部分的修正。

第 3 章基于理论模型开展了激光诱导 1064nm 增透熔石英窗口损伤仿真研究。建立了轴对称结构的激光诱导 1064nm 增透熔石英窗口温升、热致应力应变以及激光支持燃烧波扩展模型。采用数值模拟的方法对激光作用后，目标内部的瞬态温度场和热应力场分布情况进行了仿真分析。同时针对激光诱导 1064nm 增透熔石英窗口产生致燃损伤过程中存在的激光支持燃烧波，采用分阶段建模的方法进行了仿真研究。

第 4 章采用在线测试和离线测试相结合的实验研究手段，对长脉冲激光诱导 1064nm 增透熔石英窗口损伤过程中涉及的温度演化过程、应力应变演化过程、激光支持燃烧波演化过程进行了在线测试和分析；同时，对经激光作用结束后，目标内部的残余应力分布、目标的损伤形貌进行了离线测量和分析。对比实验结果与仿真结果，两者在诸多方面的变化趋势是一致的，这也进一步验证了理论模型的正确性。

第 5 章是激光诱导 1064nm 增透熔石英窗口损伤技术的结论及展望。

由于作者水平有限，书中难免存在错漏之处，希望广大读者批评指正。

作　者

于长春理工大学

目 录

第1章 绪 论

1.1 概述

激光因其自身具有的高亮度、方向性好、干涉性强和单色性好等特点，自 20 世纪 60 年代世界上第一台红宝石激光器问世以来，激光技术得到了突飞猛进的发展，各种激光器层出不穷，现已应用到工农业、医学、科学研究和军事等方方面面。

熔石英光学窗口的化学稳定性和电绝缘性能良好，具有硬度大、耐高温、耐热震、膨胀系数低等特点，被广泛应用于各类光学、激光系统等方面,如制作聚焦透镜或者大型激光系统中的窗口、防溅射片元件等。尤其是在大功率激光器系统中，应用各个种类大口径、高精度光学元件的数量十分巨大，熔石英元件更是多种关键部件的重要组成部分。高质量的熔石英光学元件在惯性约束核聚变（Inertial Confinement Fusion, ICF）工程中也占有重要地位，工程中所用熔石英光学元件可达数千件。2009 年美国建成的国家点火装置（National Ignition Facility, NIF）中用到的口径超过 50cm 甚至更大的光学元件数量超过 7300 件，主要包括熔石英、钕玻璃、KDP/DKDP 晶体等，使用的小口径元件其数量更是高达 26000 多件，系统中累计使用的高精密光学元件表面总面积将近 4000m^2。表 1.1 为 NIF 系统中大口径（0.5～1.0m）光学元件。

表 1.1 NIF 系统中大口径（0.5～1.0m）光学元件

元件名称	元件材料	元件数目
透镜	熔石英	962
窗口片	熔石英	766

元件名称	元件材料	元件数目
光栅	熔石英	192
防护片	熔石英	192
偏振片和反射片	熔石英/BK7	1600
放大片	钕玻璃	3072
晶体	KDP/DKDP	576

由表1.1可见，熔石英光学元件是大能量固体激光系统中应用最为广泛也是需求量最大的光学元件。这些光学元件在强激光的作用下，极易发生损伤，且初始损伤一旦发生，在后续激光的作用下元件的损伤程度会不断加剧，损伤点不断增加，从而导致材料的透过率发生急剧下降，材料的热学、力学及光学等性能也会被弱化。如果损伤发生在熔石英元件的前表面，随着激光的持续作用，材料表面损伤点的尺寸会呈线性增长；如果损伤发生在熔石英元件的后表面，随着激光的持续作用，损伤的尺寸会呈指数形式增长。除损伤会导致熔石英元件的透过率极大降低外，由于波前发生畸变，还会引起聚焦光斑质量和光束质量的下降，损伤区域还会对光场产生调制，造成局部光场的增强。这就极有可能对后方的光学元件造成新的破坏，从而形成恶性循环。

熔石英光学元件在激光作用下的损伤过程是一个涉及材料自身物理和化学性质、激光参数和环境条件等众多因素在内的复杂过程。就其损伤机理而言，主要归结为热损伤、雪崩击穿损伤和多光子电离损伤等几个方面。表1.2所列为光学元件在强激光作用下产生可逆和不可逆损伤的具体表现形式和相应损伤机制分析。

表1.2　光学元件损伤机制分析

损伤发生部位	表现形式	具体性能变化	机制分析
元件内部	颜色改变	透过率变小、吸收变大、光学参数改变、波前发生畸变	杂质热吸收、多光子吸收、等离子体烧蚀
	成丝	透过率变小、吸收变大、散射变大、空间分布发生改变	非线性吸收、自聚焦效应、杂质热吸收
	熔融	热应力应变、波前发生畸变	杂质热吸收
	碎裂	吸收变大、透过率变小、散射变大、空间分布发生改变	杂质热吸收、等离子体烧蚀、冲击波、电场调制

损伤发生部位	表现形式	具体性能变化	机制分析
元件表面	颜色改变	透过率变小、吸收变大、光学参数改变、波前发生畸变	杂质热吸收、多光子吸收、等离子体烧蚀
	裂纹	透过率变小、吸收变大、散射变大	杂质热吸收、电场调制、燃烧波
	熔融	透过率变小、吸收变大、热应力应变、波前发生畸变、散射变大、空间分布发生改变	杂质热吸收、等离子体烧蚀
	炸裂	透过率变小、吸收变大、散射变大、空间分布发生改变	杂质热吸收、等离子体烧蚀、冲击波、电场调制

在入射激光能量较低的条件下，产生的可逆效应主要涉及温度升高、产生热应力、形变、多光子吸收、电场调制、折射率发生改变等；在入射激光能量变大的情况下，产生的不可逆效应主要包括光学元件内部和表面的热熔融、气化、产生等离子体、碎裂、光学击穿等。这些可逆和不可逆的效应会直接影响到元件的光学性能，甚至对其造成破坏。光学元件的性能改变可能是由上述单一效应导致的，也可能是多种效应的耦合作用，更多情况是多种效应的相互促进。损伤一方面是来自激光单次作用后的结果；另一方面也可能是多次作用后的累加结果。光学元件发生损伤后对光学系统带来的影响主要体现为：损伤部位对激光能量的屏蔽会导致系统输出能量的下降；由损伤而导致的元件性能变化会影响元件对激光的再吸收，并使其损伤程度加剧；由损伤带来的激光传输波前畸变会使系统的聚焦性能下降；波前发生畸变还会造成激光传输的非均匀性增加，带来杂散光，使激光传输路径遭到恶化并带来新的不稳定因素，这些均会降低系统的负载能力和输出性能，甚至给整个系统的安全、稳定运行带来隐患。

因此，这就对熔石英元件的抗激光损伤能力提出了很高的要求。当熔石英元件投入使用之前，对其抗激光破坏能力的估计或测定已是必不可少的程序。激光损伤熔石英研究的目的主要有两点：一是研究其损伤机理，对激光损伤与目标性质、结构、成分、制备工艺和加工方法等因素的关系进行系统研究，并对激光能量和脉冲宽度等因素对损伤的影响进行探讨；二是从实际应用角度出发，测定损伤数据，研究特定情况下熔石英窗口的损伤规律，为使用者提供参考。

激光对熔石英窗口的损伤是一个复杂的过程，它是由激光参数和目标性质两方面决定的。不同的激光参数条件（激光能量、脉冲宽度、重复频率、光斑尺寸等）对同一种目标会产生不同的损伤结果，同一激光参数条件下不同性质的材料也会出现不同的损伤情况。从损伤过程来看，主要分为热作用、热致应力应变作用、致燃作用以及多种损伤效应的耦合作用等,这些作用都发生在很长的时间内并且相互联系，给研究工作带来了一定的困难。目前在大能量激光系统中所使用的大量熔石英窗口元件一旦发生损伤，在激光的持续作用下其损伤点的横向几何尺寸和纵向损伤深度均会急速增大。当熔石英窗口损伤区域的面积总和达到总面积的一定比例后，熔石英窗口将被视为彻底破坏且不能继续使用。根据美国 NIF 的判断标准，当某一光学元件发生损伤后其挡光区域面积达到整个通光区域面积的 3%时，该光学元件将不能继续使用，必须进行更换。由此可见，光学系统中如果有光学元件发生损坏其带来的损失将是巨大的，甚至影响整个激光系统的安全、稳定运行和使用寿命。因此，对激光诱导熔石英窗口的损伤进行研究，分析熔石英窗口与激光相互作用的物理过程及其作用结果具有重要的意义和应用价值。

1.2　神奇的激光

激光的理论基础起源于物理学家爱因斯坦，他在 1916 年提出了一套全新的技术理论，指出在组成物质的原子中，有不同数量的电子分布在不同的能级上，在高能级上的粒子受到某种光子的激发，会从高能级跃迁到低能级上,这时将会辐射出与激发它的光相同性质的光，而且在某种状态下，能出现弱光激发出强光的现象。这种现象称为受激辐射的光放大，也就是激光。

西奥多·梅曼用一年的时间专门测量和研究红宝石的性质，证实红宝石是制造激光器的好材料。从此他开始着手建造第一台激光器,如图 1.1 所示。1960 年 7 月,他在实验室进行了人造激光的第一次实验,至此世界上第一束人造激光就产生了。这束仅持续了 3 亿分之一秒的红光标志着人类文明史上一个新时刻的来临。西奥多•梅曼发明的红宝石激光器打开了人类通过利用激光改造世界的大门,此后激光科学发展迅速,激光的各种应用也逐渐走进了人们的日常生活。

图 1.1   西奥多•梅曼和第一台激光器

激光属于人造光,激光和太阳光以及电灯发出来的光有本质的区别。通常人们看到某一物体往往是由于太阳光的照射,这些光是向四面八方照射的,呈现白色,但是如果用三棱镜对着自然光,就会看到白光被分成了几种不同颜色的光,就像是彩虹,这种现象称为光的色散。而激光与之明显不同,激光具有明显的方向性,是集中一个方向照射的,如图 1.2 所示。由于方向集中,所以激光的亮度很高,不可以直视。这种特性可以用于武器中,许多国家都投入了大量的资源研究激光在军事上的应用,如激光枪、激光炮等。

如果用放大镜汇聚太阳光可以升温点燃纸张,那么如果汇聚激光,按照激光的能量可以将汇聚一点的温度提升至百万度,所以此时的激光就像一把"锋利的刀",以此可以实现激光切割或者激光手术刀等,如图 1.3 所示。激光切割具有很强的精度,如今生活中大部分电子产品的零件都是通过这个方式生产的,不需要担心刀具的磨损。如果在手术中采用激光开刀,则手术过程中病人的出血量会大大减少,而且手术创面小且更易愈合。

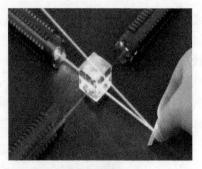

（a）自然光色散　　　　　　　　　（b）激光传输

图 1.2　自然光色散和激光传输

（a）激光切割

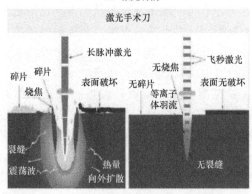

（b）激光手术刀

图 1.3　激光切割和激光手术刀

6

光的传播速度非常快，激光的传播速度与光一样，为 3×10^8 m/s，激光从地球发射到月球后再反射回地球的过程，仅需 2～3s。如果用它作为一把尺子，那么激光可以说是最准的尺，这就是激光测距，如图 1.4 所示。激光测距的误差仅是其他光学测距仪的 1/5 至数百分之一，因此被广泛应用于各个领域。在建筑房屋和修建桥梁时可利用激光代替人工标线，在修建铁路和公路时可利用激光使道路修建得又准又直，让施工变得更加快捷简单、省时省力。随着对激光研究的不断深入和对激光需求的多样化，相信在不久的将来，激光会有更广泛、更重要的应用。

图 1.4 激光测距

1.3 激光的产生

激光的产生是光与物质的相互作用，实质上是组成物质的微观粒子吸收或辐射光子，同时改变自身运动状况的表现。微观粒子都具有特定的一套能级（通常这些能级是分立的）。任一时刻粒子只能处在与某一能级相对应的状态（或者简单地表述为处在某个能级上）。与光子相互作用时，粒子从一个能级跃迁到另一个能级，并相应地吸收或辐射光子。光子的能量值为此两能级的能量差 ΔE，频率为 $v = \Delta E / h$（h 为普朗克常量）。处于较低能级的粒子在受到外界的激发（与其他的粒子发生了有能量交换的相互作用，如与光子发生非弹性碰撞）吸收能量时，跃迁到与此能量相对应的较高能级，这种跃迁称为受激吸收。粒子受到激发而进入的激发态，不是粒子的稳定状态，如存在着可以接纳粒子的较低能级，即使没有外界作用，粒子也有可能自发地从高能级激发态 E_2 向低能级基态 E_1 跃迁，同时辐射出能量为 E_2-E_1 的光子，光子频率 $v=（E_2-E_1）/h$，这种辐射过程称为自发辐射。众多原子以自发辐射发出的光，不具有相位、偏振态、传播方向上的一致，是物理上所说的非相干光。1917 年爱因斯坦从理论上指出，除自发辐射外，处于高能级 E_2 上的粒子还可以另一种方式跃迁到较低能级，当频率为 $v=（E_2-E_1）/h$ 的光子入射时，也会引发粒子以一定的概率，迅速地从能级 E_2 跃迁到能级 E_1，同时辐射出与外来光子频率、相位、偏振态及传播方向都相同的光子，这个过程称为受激辐射。可以设想，如果大量原子处在高能级 E_2 上，当有一个频率 $v=（E_2-E_1）/h$ 的光子入射时，激励 E_2 上的原子产生受激辐射，得到两个特征完全相同的光子，这两个光子再激励 E_2 能级上原子，又使其产生受激辐射，可得到 4 个特征相同的光子，这意味着原来的光信号被放大了，这种在受激辐射过程中产生并被放大的光就是激光，如图 1.5 所示，激光比普通光源单色性好、亮度高、方向性好。

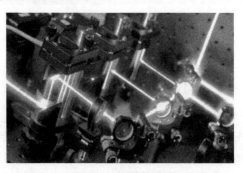

图 1.5　激光的产生

激光器是发射激光的装置。激光器有各种各样的种类，但无论什么种类的激光器都要满足 3 个条件，即粒子数反转、有谐振腔形成激光振荡、增益大于总损耗。激光工作物质、泵浦系统和光学谐振腔是激光器的基本结构，激光器的基本构造如图1.6所示。

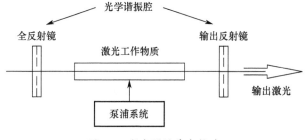

图 1.6　激光器的基本构造

（1）激光工作物质是激光器的核心，是激光产生的内因、实现粒子反转和产生受激辐射的物质体系，必须在该物质中实现粒子反转，而现有的工作物质有近千种，包括固体、液体、气体、半导体等。

（2）泵浦系统是为粒子反转提供能量，对于不同的激光器其激励方式也有所不同，用气体放电的方法激发物质原子称为电激励，也可以用脉冲光源照射工作物质的方式激发，为了得到源源不断的激光输出，就要不断地把低能级的原子抽运到高能级上，这个过程被形象地比作泵。

（3）光学谐振腔是实现激光振荡的必要条件，对输出激光的功率、发散角等有很大影响。光学谐振腔一般由全反射镜和部分反射镜组成，光在放大介质中的时间越长，与越多的原子发生作用，才能获得越有效的光放大。反射镜的作用是光沿轴线在镜间来回反射，光在谐振腔内来回振荡，造成雪崩似放大，激光是由部分反射镜输出。谐振腔主要分为稳定腔、非稳定腔和临界稳定腔。总之，各种类型的激光器都是在以上3个部分的基础上增加各种器件来实现的。

由于激光器具备的各种各样的优点，因而被广泛应用于工业、农业、勘测、精密测量、医疗、军事、通信等各个方面。例如，人们利用激光器对各种材料加工，能在很小的物体上精确操作。利用激光器能引起生物体的刺激、变异、烧灼等这一现象可以应用于医疗方面。在通信方面，一条光导电缆可以携带相当于普通铜线几万倍的信息量等。

1.4 激光与物质相互作用的物理过程

激光和物质的相互作用首先是从激光的入射开始，激光照射在物体表面，物质会对激光进行反射和吸收。激光与物质相互作用的物理基础是物质对激光的吸收，当激光照射在物质表面时，由于物质的折射率大于空气的折射率，一部分光线被反射，产生180°的相变；剩下一部分进入材料，能量以指数的方式递减。

从微观角度看，激光对物质的作用就是电磁波对物质中电子的作用，物质吸收激光与物质本身的结构有关。金属中含有许多的自由电子，在激光照射作用下自由电子被迫振动而形成次波，这些次波形成了强烈的反射波和较弱的透射波，透射部分将被电子通过辐射过程而吸收，最后转变为热能。非金属与金属不同，它对激光的反射比较低，对应的吸收比较高。电介质对激光吸收与束缚电子的极化、单光子或多光子吸收以及多种机制的非线性光学效应有关。透明电介质表面或体内的杂质和缺陷往往强烈吸收激光，成为破坏的根源。半导体对激光的吸收有多种机制，以本征吸收最为重要，产生的电子-空穴对很快通过无辐射跃迁复合，将吸收的光能转变为热能。等离子体是特殊条件下存在的电离气体，蒸气等离子体对激光有很强的吸收作用。

当把激光作为一种工具或者手段进行微纳加工时，会引起两种复杂的过程，分别是光化学过程和光热过程。其中，光化学过程是由于光引起的光化学反应，将化学键打断，从而使物质改性，主要应用于光刻等技术中。相比之下，光热过程的应用更为广泛。光热过程是激光照射在物质表面，物质中的电子吸收光子，使电子能量增加，温度升高。电子再把能量传递给晶格，这个过程会在皮秒数量级的时间内完成。通过电子和晶格的相互作用，晶格获得能量，如果能量较高，就使得物质升温、熔化甚至气化。图1.7为激光与物质作用的物理过程。

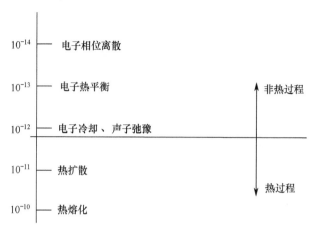

图 1.7 激光与物质作用的物理过程

第一个过程：当电子吸收光子后，在 $0 \sim 10^{-13}$s 的时间内达到准热平衡状态。激发态电子初始分布于一系列的能级，通过电子-电子散射迅速达到准热平衡状态，电子的能量服从费米-狄拉克分布规律。此时，物质吸收的激光能量全部被束缚于电子系统中，电子的温度要比周围的晶格高得多。

第二个过程：在 $10^{-13} \sim 10^{-12}$s 这段时间内是电子能量的弛豫过程。处于准热平衡态的自由电子主要通过辐射受限纵向光学波声子（LO 声子）向晶格传递能量。

第三个过程：在 10^{-12}s 之后，是声子动力学过程。这个过程主要是声子-声子弛豫，LO 声子耦合成声学声子辐射，最终声子按照玻色-爱因斯坦分布规律在布里渊区重新分布。此时，被吸收能量分布接近热平衡状态。

第四个过程：这个过程中，能量在晶格间进一步扩散。能量通过电子漂移和晶格-晶格耦合向周围扩散，扩散的时间取决于物质的热扩散特征长度和热扩散系数，扩散时间大致在 10^{-11}s 量级。

1.5 激光与熔石英窗口相互作用的研究进展

1.5.1 激光与熔石英窗口相互作用的理论研究现状

多年以来，国内外科研人员针对激光与光学元件的相互作用过程进行了大量的理论研究工作。讨论了不同的激光参数、不同的材料膜系属性以及生产工艺对光学元件的损伤影响，并且得到了很大的进展。

1970 年，R.W.Hopper 等建立了缺陷诱导激光损伤的理论模型，研究了靶材内杂质缺陷导致的热应力损伤，激光玻璃中夹杂损伤的机理与颗粒的温升有关，即颗粒表面区域相对于周围玻璃的温升。最受关注的颗粒是金属，尽管在非常高的功率水平下，含有大量高吸收离子的陶瓷夹杂物同样会导致失效。分析了靶材内缺陷的形状、范围、种类对热应力损伤的影响，发现由于玻璃材料内金属杂质颗粒的影响使得表面出现了离散点的损伤形貌。

1981 年，T. Walker 等对激光诱导光学介质薄膜的损伤过程进行了理论研究，并给出了导致其损伤的几种主要机制理论，分别是杂质吸收理论、雪崩电离理论和多光子吸收理论。

2000 年，K.Yoshida 等研究了多层膜系的激光诱导损伤机理，发现导致光学元件性能变化和损伤阈值无法提升的诱因是膜层中存在缺陷。

2002 年，F. Bolmeau 等采用数值模拟的方法对熔石英中由缺陷导致的激光能量沉积过程进行了研究，为了模拟整个损伤过程，建立了二维拉格朗日—欧拉流体动力学模型，该模型可以模拟裂缝的形成和传播。

2005 年，李明等通过建立雪崩电离理论模型，推导了雪崩电离和自由电子密度之间的关系表达式，同时分析了纳秒脉冲激光作用空气和水介质时多光子电离和雪崩电离在击穿过程中所起到的作用。

2005 年，韩晓玉等数值计算了纳秒激光诱导大气击穿的损伤阈值。发现大气击穿阈值随着气压和激光波长的增加而逐渐变小，短波长激光的击穿阈值不受初始电子的影响，而长波长激光则由于初始电子的存在其损伤阈值下降显著，且随着脉冲宽度的增加，击穿阈值逐渐减小。

2006 年，夏志林等研究了脉冲宽度变化条件下多光子电离和雪崩电离的激光损伤机制问题。发现光电离的速度不仅会影响初始电子浓度，还会对雪崩电离和多光子电离之间的竞争产生一定影响，随着激光脉冲宽度的增加，多光子电离产生的电子密度逐渐变小，而雪崩电离产生的电子密度逐渐变大。

2007 年，周维军等建立了 1064nm 激光作用 TiO_2/SiO_2 薄膜的理论模型。模拟了激光能量密度改变时材料内温度场的分布情况。仿真数据显示，入射激光能量密度越高，温度变化越明显，同时讨论了温度随径向距离变化的关系，沿着径向位置各点温度上升逐渐缓慢。

2008 年，美国加利福尼亚大学对高能量的激光脉冲诱导薄膜层分裂现象进行了数值模拟。同年，S. Papemov 等通过对损伤过程中等离子体的产生、发展和产生冲击波的研究，对比分析了元件前后表面损伤阈值差异的机制。

2009 年，窦如凤等利用有限元方法模拟计算了 1064nm 激光与光学介质薄膜相互作用时产生的热应力分布，同时对薄膜的激光损伤特性进行了研究。损伤机理不仅是由激光特性所决定的，也与材料膜厚有着直接的关系，得出激光损伤阈值的差异主要是由于膜厚效应引起的。采用了长脉冲激光与短脉冲激光相对比的方式，结果发现长脉冲激光相比短脉冲激光而言其损伤面积、损伤深度都有所增加。

2009 年，张平等讨论了高功率激光的空气击穿理论，从自由电子速率方程出发，对雪崩电离机制进行推导，计算得到了光功率击穿阈值，并对雪崩电离在空气击穿中所起到的重要作用进行了理论解释。

2009—2012 年，美国 LLNL 实验室的 Feit 及其领导的研究小组，在 NIF 系统光学材料抗激光损伤能力方面进行了大量的理论模拟，取得了非常显著的成果，使激光系统的负载能力提高了一个数量级。LLNL 的损伤研究团队对熔石英的强激光诱导损伤研究进行得最为全面，研究工作主要集中于初始损伤、损伤增长和损伤修复 3 个方面。

2013 年，ChenChen 等采用数值模拟的方法，通过建立二维轴对称气体动力学模型对空气中的激光诱导能量传输过程进行了仿真研究和分析。其研究结果表明，由热辐射和逆韧致辐射引起的能量交换过程是维持等离子体的主要因素，控制气体运动的主要因素是来自等离子体核的真空紫外辐射的再吸收。

2015 年，Yunxiang Pan 等提出了一种由毫秒激光和纳秒激光组成的双脉冲技术，并将其作用于透明材料表面。模拟研究了纳秒激光作用产生的凹槽周围的热应力场，分析了毫秒激光作用后对该热应力场的影响，并将相应的数值仿真结果与单毫秒激光作用的结果进行了比较。研究结果表明，两种形式的入射激光产生了两种形态，由于纳秒激光的作用会在材料表面处形成凹槽，导致在毫秒激光照射期间该凹槽尖端处应力最大值增加，因此提高了激光处理效率。

2016 年，T. Doualle 等基于有限元方法对 CO_2 激光与石英玻璃相互作用过程中产生的材料形变、物质喷溅和由激光加热及随后冷却过程引起的热应力情况进行了仿真研究。计算结果表明，热导率和辐射损失对于材料所达到的温度具有不可忽略的影响，而热源并不是决定性因素，且为了减少计算时间可以做近似处理。

2017 年，高翔等基于 Mie 理论和热传导方程，结合 ICP−OES 对熔石英亚表面杂质粒子的主要成分测量，建立了计算吸收性杂质粒子诱导熔石英光学元件表面损伤概率的模型。通过该模型理论研究了不同种类的杂质粒子诱导损伤所需的临界能量密度随粒子尺寸的变化，以及不同尺寸分布的杂质粒子诱导熔石英表面的损伤概率。

2018 年，张丽娟等基于熔石英材料在 CO_2 激光作用下的温度分布和结构参数变化的计算结果，对熔石英损伤修复中的气泡形成和控制进行了研究。针对损伤尺寸介于 150~250μm 的损伤点，提出了一种能够有效控制气泡形成的长时间低温预热修复方法。基于低温下熔石英材料结构弛豫时间常数较长的特点，该方法在不引起熔石英材料结构发生显著变化的同时，能够解吸附表面和裂纹处所附着的气体和杂质，可有效降低裂纹闭合过程中气泡形成的概率。实验结果表明，长时间低温预热修复方法的成功修复概率可达到98%。

2019 年，邱荣等对比研究了基频、二倍频和三倍频激光单独和同时辐照下熔石英光学元件的初始损伤和损伤增长规律，重点研究了基频和二倍频的加入对三倍频诱导初始损伤和损伤增长的影响，分析了基频和二倍频相对于三倍频的折算因子。研究结果表明，当基频和二倍频能量密度较低时，它们对三倍频损伤概率曲线的影响可以忽略，但会引起损伤程度的增加；在多波长同时辐照的损伤增长中，损伤增长阈值主要取决于三倍频的能量密度，而损伤增长系数与总的能量密度有关；折算因子可以同时反映初始损伤和损伤增长的波长效应和波长间的能量耦合效应。

2020 年，邱荣等对比研究了 3ω 单独辐照、$3\omega+2\omega$ 和 $3\omega+1\omega$ 双波长激光同时辐照下熔石英元件的初始损伤和损伤增长规律，重点研究了 3ω 能量密度在其阈值附近时，低能量密度的 2ω 和 1ω 对初始损伤和损伤增长的影响，分析了波长间的能量耦合效应。结果表明，双波长激光同时辐照下，当 2ω 和 1ω 能量密度远低于其自身阈值时，它们对初始损伤概率和损伤增长阈值的影响可以忽略，但也会参与初始损伤和损伤增长过程，会增加初始损伤程度和损伤增长系数。基于飞秒双脉冲成像的冲击波速度测量表明，3ω 和 1ω 同时辐照下，波长间的能量耦合效应会促进激光能量向材料沉积的转化。

对上述国内外理论研究现状进行总结可以发现，激光与熔石英窗口及其表面膜层材料的理论研究结果主要可归结为以下三类理论。

（1）雪崩电离理论。外界激光场强很大的情况下，电子由于对焦耳热的吸收导致其内部晶体点阵被破坏，最终导致介质被击穿。

（2）多光子吸收理论。当禁带宽度约达到光子能量的 3 倍条件下，此时在损伤过程中多光子吸收将占据主导。

（3）杂质/缺陷吸收理论。由于缺陷的存在会在材料内部形成缺陷能级，膜层中的电子会因为该缺陷能级的存在致使其发生电离的可能性变大，最终导致介质发生损坏。

1.5.2　激光与熔石英窗口相互作用的实验研究现状

目前，国内外广大科研人员针对激光诱导熔石英窗口损伤已开展了很多实验工作，得到了很多不同实验条件下的损伤数据，并取得了一些有价值的实验结论。

1965 年，H.M.Smith 等搭建了实验系统，讨论了红宝石激光辐照光学薄膜的损伤原因，并第一次提出了驻波场是导致薄膜损伤的原因之一。当激光照射时，由于反射光与入射光相干涉，导致材料内部产生驻波电场。在光学薄膜内部驻波场强度大的位置，若该处吸收系数也较大，则该处的吸收损耗也较大，也较容易产生损伤。

1981 年，T.Walker 等实验研究了 1.06μm、0.53μm、0.35μm、0.26μm 波长激光对薄膜的损伤规律，并对激光诱导薄膜材料的损伤机理进行了探讨，发现雪崩电离过程、多光子和杂质吸收过程是诱发材料损伤的几个主要物理过程。

1997 年，D.A.McNeill 等通过实验发现，由于在强激光作用过程中表面膜层与基底之间会有蒸气压力存在，从而导致材料发生熔融及喷溅的实验现象。

1997 年，夏晋军等通过在实验过程中对光学玻璃施加以不同脉冲体质的激光作用，得到了脉冲串激光作用条件下，材料损伤阈值与脉冲个数和占空比之间的关系，发现脉冲串激光作用过程中诱发的雪崩电离是导致材料发生损伤的根本原因，并进一步给出抗激光损伤的方法。

2001 年，姜雄伟等使用波长为 800nm、脉宽为 120fs、频率为 1kHz 的激光与光学玻璃相互作用，并对作用过程产生光致暗化现象的损伤阈值进行了研究，发现激光作用产生的多光子吸收过程会诱发材料产生色心，而空穴捕获型色心是产生光致暗花现象的原因。

2001 年，A.Salleo 等用波长为 1064nm 的激光作用于熔石英表面，得出结论主要说明了空气和熔石英对激光能量的吸收不同引起了不同的损伤效果。在熔石英的前表面，激光与等离子体相互作用，由于等离子的存在会限制能量有效的沉积，因此在空气中会形成巨大的消耗。在熔石英的后表面，能量大部分被限制在材料内部。因此，对于能量的吸收，后表面要比前表面高得多，后表面的损伤比前表面明显。

2003 年，M.Nadezhda 等对超短脉冲激光作用条件下，不同入射功率激光所产生的损伤机理差异进行了分析。

2004 年，R.Sharp 等通过建立一套激光损伤测试装置实现了对光学元件激光辐照条件下的损伤过程自动测量，同时根据该装置还可以较准确地给出光学元件的损伤阈值。

2005 年，J. Badziak 等对不同脉冲宽度激光入射条件下材料的损伤机理差异进行了讨论和分析。研究发现，由于等离子体和快离子通道的存在，使得材料出现不同的损伤阈值。

2006年，K.Yoshida等通过实验研究发现，在入射激光功率一定的条件下，作用点的温度变化与光斑尺寸有关，而基底的温度变化则与光斑尺寸无关。基底的温度改变主要受入射激光功率的影响，温度越高则说明作用激光的功率越高。

2006年，胡建平等对 K_9 玻璃在激光诱导下的前、后表面损伤特性进行了实验研究，发现 K_9 玻璃前表面和后表面的损伤阈值比约等于1:4，且在损伤过程中，前表面损伤主要为烧蚀损伤，属于不可逆损伤；后表面损伤主要为碎斑损伤，且随激光脉冲个数的增加，后表面损伤程度不断加剧。

2007年，黄进等采用3种不同波长的激光分别与熔石英元件作用，并对其损伤特性进行了研究。研究发现，倍频光对熔石英元件的损伤效果要大于基频光，从损伤机理的角度来分析，倍频光对于目标的损伤主要归结于雪崩电离机制，而基频光对于目标的损伤则主要归结于杂质/缺陷吸收机制。

2007年，M.Jupe等用激光扫描成像技术研究了渐变折射率薄膜的损伤形态和普通膜层损伤的区别。结果发现，两种薄膜的损伤形态大都表现为表面反射率的轻微变化，未发生膜层脱落、分离等严重的损伤。

2008年，韩敬华等采用纳秒激光与 K_9 玻璃相互作用，并对作用结束后的样品形貌进行了测试。发现 K_9 玻璃在纳秒激光作用下的损伤形貌呈现纺锤形特征，且通过对损伤区域进行划分，可主要分为等离子体通道区、熔融区、裂纹区以及由裂纹导致的折射率变化区。

2009年，周明等利用波长为1064nm和532nm的组合激光与光学薄膜材料相互作用，对目标损伤后的形貌特征和损伤阈值与单一波长激光独立作用后的效果进行了对比分析。发现组合波长激光作用后的薄膜损伤形貌与单独使用532nm激光作用后的类似。在组合波长激光诱导薄膜发生损伤的过程中，532nm激光所起到的作用更明显，研究还发现，532nm激光的损伤阈值＞组合波长激光的损伤阈值＞1064nm激光的损伤阈值。

2011 年，戴罡等测量了两种不同脉宽激光作用于增透膜时材料的损伤阈值，得到薄膜发生损伤后的损伤面积、厚度，并分析了损伤形貌产生差异的原因，讨论了毫秒量级激光以及纳秒量级激光辐照薄膜材料时的损伤规律。

2012 年，王斌等用 3 种不同脉宽的激光辐照光学薄膜元件时，对材料的损伤机理进行了研究。结果表明，飞秒激光辐照时，电离击穿是导致薄膜损伤的主导原因，而纳秒及毫秒激光辐照时，热传导是使薄膜发生损伤的主要原因。

2013 年，邱荣等搭建实验平台，定性地研究了 3 种不同波长激光辐照光学元件时，材料表面的损伤面积增长规律。分别讨论了熔石英遭到破坏时材料内部等离子体及冲击波的演化过程，研究了纳秒激光辐照光学元件时，材料的损伤规律和机制。

2014 年，范卫星等深入研究了重复激光脉冲辐照时光学薄膜的烧蚀机理。通过显微镜观察不同脉冲数量激光作用条件下所获得的光学薄膜损伤形貌，并对等离子体和激光相互作用的热力学过程进行了讨论。结果表明，重复激光脉冲作用光学薄膜时，会使材料表面粗糙，进而大大增加对入射激光的吸收效应，导致薄膜的损伤加剧，最终薄膜完全脱离露出基底。同时，烧蚀物会在热膨胀影响下向周围区域扩散，在中心区域外产生沉积，进而造成更大范围的损伤。

2014 年，M.C.Spadaro 等搭建实验平台研究激光与薄膜材料相互作用的过程。采用电子显微镜和拉曼光谱相结合的方法，在保持激光能量密度不变的条件下，以控制光斑半径的方法来获取激光光斑半径与损伤面积的关系，同时研究了等离子体动力学过程与环境气体、激光参数之间的关系。

2015 年，M.A.Bukharin 等分析了飞秒激光辐照熔石英和 Nd：YAG 磷酸盐玻璃时，热积累效果下材料折射率改变的情况。在热累积情况下，材料的折射率从 4×10^{-3} 增长到 6.5×10^{-3}，增长曲线规律为指数增长，在不同重频和平移速度下研究了由于热累积而导致的材料内部折射率变化规律。

2015 年，严会文等通过有限差分法计算了石英在激光作用下的温度场分布。结果表明，在连续激光的作用下，石英的轴向温度变化分为升温过程和降温过程。当激光作用时间增加时，热源会朝着石英内部沿轴向移动，进而导致径向产生的温度梯度较低，而轴向产生的温度梯度较高。

2016 年，S.Psharma 等使用扫描电镜和电子显微镜观察并且得到了飞秒激光烧蚀熔石英的损伤形貌，发现在损伤区域，材料呈现出纳米颗粒状的形态和结构。结果表明，不同的激光能量辐照时，得到的纳米颗粒物聚集成网状，并且集中在损伤严重的区域内。

综合以上国内外研究现状可以发现，国内外广大科研人员对激光诱导熔石英窗口的损伤过程已开展了较广泛的研究，且通过理论分析、数值模拟和实验研究等手段也得出了大量的数据和结果，获得了很多有价值的结论。然而，激光与熔石英材料相互作用是一个涉及众多物理过程且相互之间产生作用和影响的复杂过程，仍有许多研究未完全透彻，需要在后续研究中加以补充和完善。

从目前的研究来看，开展短脉冲激光与熔石英光学元件相互作用的研究较多，有关长脉冲激光的报道相对较少。此外，在脉宽为毫秒量级的激光作用下，熔石英窗口材料的激光支持燃烧波理论，以及此现象对目标损伤过程中可能产生的影响现在尚不明确。另外，针对毫秒脉宽激光与熔石英窗口材料损伤过程中的在线损伤应力方面的研究，目前还未见报道。因此，深入开展针对熔石英窗口的激光损伤过程研究，对分析其激光损伤机理具有非常重要的意义。

1.6 长脉冲激光与短脉冲激光诱导熔石英窗口损伤的区别

激光诱导物质的损伤过程主要可分为热损伤过程、热致应力应变损伤过程、致燃损伤过程、爆轰波损伤过程等几个方面。这些损伤过程的发生都与激光的峰值功率密度大小、作用时间长短以及物质本身的特性等密不可分，图 1.8 所示为几种实验常用熔石英窗口形状。

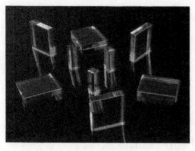

（a）长（正）方体形　　　　　　　　（b）圆柱形

图 1.8　几种实验常用熔石英窗口形状

对于长脉冲激光来说，主要以热和应力应变损伤过程为主。激光照射光学材料时，物质吸收的激光能量瞬间转化为热能，引起了温度升高。热量以照射中心区域内向四周扩散。但是由于温度分布不均匀，产生了热应力。热应力从微观上来说就是物体内部自由电子受到激光的影响，在照射区域内自由电子运动剧烈，产生了光学材料不同部位的温度差异，从而导致拉伸、压缩、膨胀等力学现象的产生。长脉冲激光的单脉冲能量大、损坏能力强等，相比短脉冲激光而言，会对熔石英造成更大的损伤效果。长脉冲激光作用于熔石英窗口的损伤先由激光中心处开始，并不断向辐照区域边缘扩展，扩展过程中熔石英靶材先由径向的断裂，之后逐渐增加了环向的裂纹，随着能量密度的增大，损伤变得越来越明显，在光斑作用区域和区域交界处都会出现明显的环向裂痕，损伤面积随着入射激光能量密度的增加呈指数级增长。长脉冲激光辐照光学窗口时，能量密度大、时间长，能量被光学窗口大量吸收，进而产生热应力损伤，在损伤的过程中材料会发生熔融、裂纹、炸裂的现象，同时也会伴随等离子体的产生。

对于短脉冲激光来说，多光子离化的影响显著提高。光学窗口材料对短脉冲激光的吸收时间比电子声子弛豫时间短，导带电子被激光脉冲加热的速度比通过声子发射将能量从激光辐照区域传递出去的速度快。因此，雪崩电离与多光子电离导致电子密度不断增加，使等离子体密度接近临界等离子体密度。高密度的等离子体强烈吸收激光能量，当脉冲结束后，高能量的离化电子才将能量传递给晶格。当其吸收的激光能量超出材料的损伤阈值时，材料将被烧蚀破坏。在短脉冲激光作用下，杂质和缺陷不再对损伤起主导作用，其影响可以忽略。对于熔石英材料，短脉冲激光诱导损伤中占主导地位的是雪崩离化，雪崩离化所需的电子主要来源于多光子离化，多光子离化随着脉宽的减小而增强，初始电子对多光子离化和雪崩离化的影响很小，但会影响损伤阈值的大小。对应不同的激光脉宽，当初始电子密度在某个临界值以上的范围内变化时，较低的电子密度意味着较高的损伤阈值。

第2章　激光诱导1064nm增透熔石英窗口损伤建模

在激光与处于空气中的 1064nm 增透熔石英窗口相互作用过程中，激光能量进入表面薄膜和熔石英基底后，会在目标中形成瞬态的温度场，由于温度分布的不均匀性会在目标中产生热应力场，温度场和热应力场会随着空间和时间而改变。随入射激光能量的不断加强，由于目标对能量的吸收会导致其自身发生温升、熔融及气化现象，目标气化形成的蒸气进一步吸收激光能量并产生低密度离化反应，因而出现激光支持燃烧波的现象。由于长脉冲激光诱导 1064nm 增透熔石英窗口损伤的过程涉及目标的温升、热致应力应变、燃烧波扩展等多个物理过程，并且每个物理过程还会对激光作用目标后的结果产生影响，所以在建模时要给予上述每个物理过程以充分的考虑，才会使建立的模型更加准确。

2.1　温升模型

激光作用于 1064nm 增透熔石英窗口表面后，目标对能量的吸收会转化为热量，从而使其自身产生温升，不同入射激光条件下目标体内的温度场分布和温升速度是不同的。通过对不同入射激光参数条件下目标的温升情况进行分析，可以得到激光诱导 1064nm 增透熔石英窗口的温升速度变化规律。

在毫秒脉冲激光辐照 1064nm 增透熔石英窗口进行能量交换的过程中，忽略膜层和基底与外界的对流和辐射效应，假设表面膜层和基底都是各向同性介质，当激光作用于目标表面时，光学介质薄膜和基底对激光能量的吸收均以体吸收方式进行且全部转化为热能，则二维轴对称的热传导方程可写为

$$\frac{\partial T_i(r,z,t)}{\partial t} = \frac{k_i}{\rho_i c_i}\left(\frac{\partial^2 T_i(r,z,t)}{\partial r^2} + \frac{1}{r}\frac{\partial T_i(r,z,t)}{\partial r} + \frac{\partial^2 T_i(r,z,t)}{\partial z^2} + \frac{q_i(r,z,t)}{k_i}\right)$$

(2.1)

式（2.1）为不包含相变的热传导方程表达式，当 1064nm 增透熔石英窗口在激光作用下的温度达到其自身熔点后，目标将出现熔融相变现象，因此包含相变的热传导方程可写为

$$\frac{\partial T_i(r,z,t)}{\partial t} = \frac{k_i}{\rho_i c_i}\left(\frac{\partial^2 T_i(r,z,t)}{\partial r^2} + \frac{1}{r}\frac{\partial T_i(r,z,t)}{\partial r} + \frac{\partial^2 T_i(r,z,t)}{\partial z^2} + \frac{\rho_i c_i}{k_i}L_i\frac{\partial f_{si}}{\partial t} + \frac{q_i(r,z,t)}{k_i}\right)$$

(2.2)

式中：$T_i(r,z,t)$ 为目标在 t 时刻的温度分布；k_i、ρ_i 和 c_i 分别为第 i 层材料的导热系数、密度和比热容；L_i 和 f_{si} 为第 i 层的熔融相变潜热和固相率，$i = 1,2,\cdots,7$。

固相率 f_{si} 为温度的函数，其对时间的导数为

$$\frac{\partial f_{si}}{\partial t} = \frac{\partial f_{si}}{\partial T_i}\frac{\partial T_i}{\partial t}$$

(2.3)

当固相率 $f_{si}=1$ 时，代表该层物质处于固态；当 $f_{si}=0$ 时，代表该层物质处于液态。由式（2.3）可知，固相率对于时间的导数是一个 δ 函数，该函数会在材料熔点附近出现很强的奇异性，极易造成后续求解过程的不收敛。因此，将式（2.3）中固相率对于时间的导数用一个近似 δ 函数的 e 指数来代替，具体表达式为

$$\frac{\partial f_{si}}{\partial T_i} \approx \frac{1}{\sqrt{\pi}\mathrm{d}T_i}\exp(\frac{-(T_i - T_{mi})^2}{\mathrm{d}T_i^2})$$

(2.4)

23

式中：T_{mi} 为第 i 层材料的熔点。当目标发生相变时，用等效比热容 c_{pi} 来代替 c_i，二者之间的关系为

$$c_{pi} = c_i - L_i \frac{\partial f_{si}}{\partial T_i} \tag{2.5}$$

在式（2.2）中，$q_i(r,z,t)$ 为第 i 层介质吸收激光能量的体热源，其表达式为

$$q_i(r,z,t) =$$
$$\begin{cases} \alpha_i(1-R_i)I_0 f(r)g(t)\exp(-\alpha_i z) & i=1 \\ \alpha_i \left[\prod\limits_{m=1}^{i}(1-R_i) \right] I_0 f(r)g(t)\exp\left(-\sum\limits_{n=1}^{i-1}\alpha_n h_n \right)\exp(-\alpha_i z) & i=2,3,\cdots,7 \end{cases}$$
$$\tag{2.6}$$

式中：α_i、R_i 分别为第 i 层材料的吸收系数和反射率；I_0 为激光光斑中心处的激光能量密度；$g(t)$ 为激光能量的时间分布；r、z 分别为轴对称坐标系中的径向和轴向位置；$f(r)$ 为激光能量的径向分布。

选定激光能量的分布为高斯型，如图 2.1 所示，$f(r)$ 具体表达式为

$$f(r) = \exp\left(\frac{-2r^2}{r_0^2} \right) \tag{2.7}$$

式中：r_0 为到达目标表面的激光光斑半径。

对于脉宽为 τ_p 的单脉冲激光，$g(t)$ 可以写为

$$g(t) = \begin{cases} 1 & 0 < t \leqslant \tau_p \\ 0 & t > \tau_p \end{cases} \tag{2.8}$$

对于脉宽为 τ_p 的重复频率脉冲激光，$g(t)$ 可以写为

$$g(t) = \begin{cases} 1 & \dfrac{n}{v} \leqslant t \leqslant \dfrac{n}{v} + \tau_{\mathrm{p}} \\ 0 & \dfrac{n}{v} + \tau_{\mathrm{p}} < t \leqslant \dfrac{(n+1)}{v} \end{cases} \quad n = 0,1,2,\cdots,v-1 \qquad (2.9)$$

式中：v 为重复频率。

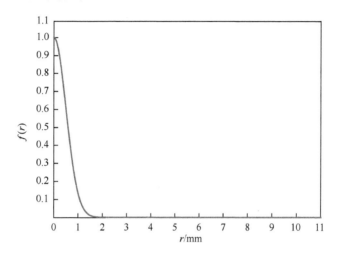

图 2.1　激光能量的高斯分布

在热传导方程中，密度与比热容的乘积 $\rho_i c_i$ 在数学上属于质量系数或阻尼系数，其作用是阻碍目标内部温度的上升，在入射激光能量一定的情况下，质量系数越大的目标其温升速度越慢。由于密度和比热容同为温度的函数，因此质量系数的大小也与温度有关。但实际上，要确定质量系数随温度的变化关系往往比较困难。因为当温度上升时，由于热膨胀的作用目标密度减小，而比热容却增大，所以很难找出单纯考虑密度或比热容变化对目标温升速度影响的统一规律。但是若比热容不随温度而变化，温度升高密度减小时，质量系数减小，此时温升速度会随着温度的增加而变快。若不考虑目标密度的变化，随着目标温度的上升，比热容增大，会出现温升速度减慢的现象。

导热系数 k_i 在数学上称为扩散系数，扩散系数的大小决定热量传输速度的快慢以及目标温度梯度的大小。扩散系数大说明热量很容易由激光作用区传输到目标的其他区域；反之，说明热量很难扩散，温度会在激光作用区发生明显积累效应。

激光对目标的作用通过热源项 $q_i(r,z,t)$ 给出，热源项越大说明激光作用目标时传输的能量越多，必然导致温度升高。因此，只要激光和目标参数能使热源项升高就会加快温度的上升速度，并得到更高的峰值温度。

在式（2.2）所示的热源表达式中，反射率 R_i 越低则 $1-R_i$ 越大，说明有更多的激光能量进入目标中，因此热源项增大，温升速度加快，峰值温度升高。

吸收系数 α_i 通常是温度的函数，并且随温度的升高而快速增大，因此吸收系数是关于温度的递增函数，而热源项中的 $\exp(-\alpha_i z)$ 是关于温度的衰减函数。因此，可以初步判断当温度上升时，1064nm 增透熔石英窗口对激光的吸收能力增强，温升速度加快，其几何结构示意图如图 2.2 所示。

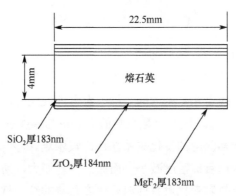

图 2.2　1064nm 增透熔石英窗口的几何结构示意图

对于热传导方程的求解，需要考虑其初始条件和边界条件，通常将目标所处的环境温度定义为其初始温度，而对于边界条件的确定，需要综合考虑目标的实际几何结构和激光作用目标的物理过程。在激光与 1064nm 增透熔石英窗口作用的过程中，由于目标为透明介质，可将其对激光的吸收看作体吸收，所以激光就可以看作一个随时间变化的内部热源。采用有限差分–有限元法对目标内部随时间变化的温度场分布进行求解，利用有限差分对时间域进行离散，利用有限单元对空间域进行离散。将离散结果代入温度场控制方程，依据温度迭代关系，在初始温度和温度变化率已知的条件下，就可以求得任何一个时间点的温度场。

采用两点差分格式对温度场进行求解，具体写为

$$\theta^{t+\Delta t}\left(\frac{\partial T}{\partial t}\right) + (1-\theta)^{t}\left(\frac{\partial T}{\partial t}\right) = \frac{1}{\Delta t}\left(^{t+\Delta t}T - {}^{t}T\right) \tag{2.10}$$

式中：Δt 为时间步长；θ 为时间积分参数，$0 \leqslant \theta \leqslant 1$。

当 $\theta = 0$ 时，式（2.10）变为

$$^{t}\left(\frac{\partial T}{\partial t}\right) = \frac{1}{\Delta t}\left(^{t+\Delta t}T - {}^{t}T\right) + O(\Delta t) \tag{2.11}$$

式中：$O(\Delta t)$ 为误差量级，与 Δt 一次方成正比。

式（2.11）是两点差分格式的前向差分形式，它的优点是无须联立线性方程组求解，可直接从前一个温度场求得当前温度场分布。但它的缺点也很明显，首先是要求 Δt 必须足够小才能保证求解的准确性；其次是其稳定性较差，因此实际应用中很少采用。

当 $\theta = 1$ 时，式（2.10）变为

$$^{t+\Delta t}\left(\frac{\partial T}{\partial t}\right) = \frac{1}{\Delta t}\left(^{t+\Delta t}T - {}^{t}T\right) + O(\Delta t) \tag{2.12}$$

式（2.12）为两点差分格式的后向差分形式，式（2.12）与式（2.11）虽然有相同的精度等级，但式（2.12）是无条件稳定的，因此在求解包含相变过程的热传导问题时被广泛使用。

当 $\theta = 1/2$ 时，式（2.10）变为

$$\frac{1}{2}\left[^{t+\Delta t}\left(\frac{\partial T}{\partial t}\right)+{}^{t}\left(\frac{\partial T}{\partial t}\right)\right]=\frac{1}{\Delta t}\left(^{t+\Delta t}T-{}^{t}T\right)+O\left(\Delta t^{2}\right) \quad (2.13)$$

式（2.13）为两点差分格式的中心差分形式，该格式具有很好的求解精度和稳定性。

求解温度场的控制方程可写为

$$[\boldsymbol{K}_{\text{th}}]\{\boldsymbol{T}\}+[\boldsymbol{C}]\{\dot{\boldsymbol{T}}\}=\{\boldsymbol{Q}^{\text{a}}\} \quad (2.14)$$

式中：$[\boldsymbol{K}_{\text{th}}]$ 为热传导矩阵；$[\boldsymbol{C}]$ 为比热容矩阵；$\{\boldsymbol{Q}^{\text{a}}\}$ 为加载的温度列向量；$\{\dot{\boldsymbol{T}}\}$ 和 $\{\boldsymbol{T}\}$ 分别为温度变化率列向量和节点温度列向量。

对于 t 时刻和 $t+\Delta t$ 时刻，分别有以下关系表达式，即

$$\begin{cases}[\boldsymbol{K}_{\text{th}}]^{t}\{\boldsymbol{T}\}+[\boldsymbol{C}]^{t}\{\dot{\boldsymbol{T}}\}={}^{t}\{\boldsymbol{Q}^{\text{a}}\}\\[6pt][\boldsymbol{K}_{\text{th}}]^{t+\Delta t}\{\boldsymbol{T}\}+[\boldsymbol{C}]^{t+\Delta t}\{\dot{\boldsymbol{T}}\}={}^{t+\Delta t}\{\boldsymbol{Q}^{\text{a}}\}\end{cases} \quad (2.15)$$

根据上面的讨论，应用后向差分格式对目标温升涉及的相变过程进行求解。将式（2.12）用矩阵的形式表达为

$$^{t+\Delta t}\{\dot{\boldsymbol{T}}\}=\frac{1}{\Delta t}\left(^{t+\Delta t}\{\boldsymbol{T}\}-{}^{t}\{\boldsymbol{T}\}\right) \quad (2.16)$$

将式（2.16）代入式（2.15）中，得

$$\left(\frac{[\boldsymbol{C}]}{\Delta t}+[\boldsymbol{K}_{\text{th}}]\right)^{t+\Delta t}\{\boldsymbol{T}\}=\frac{[\boldsymbol{C}]}{\Delta t}{}^{t}\{\boldsymbol{T}\}+{}^{t+\Delta t}\{\boldsymbol{Q}^{\text{a}}\} \quad (2.17)$$

通过式（2.17）可以看到，当 t 时刻的温度 $^{t}\{\boldsymbol{T}\}$ 为已知量时，就可以求得任意 $t+\Delta t$ 时刻的温度 $^{t+\Delta t}\{\boldsymbol{T}\}$。

同样地，应用中心差分格式对目标温升涉及的相变过程进行求解。将式（2.13）用矩阵的形式表达为

$$\frac{1}{2}\left[^{t+\Delta t}\{\dot{\boldsymbol{T}}\}+{}^{t}\{\dot{\boldsymbol{T}}\}\right]=\frac{1}{\Delta t}\left[^{t+\Delta t}\{\boldsymbol{T}\}-{}^{t}\{\boldsymbol{T}\}\right] \quad (2.18)$$

同理，还可以将式（2.15）用矩阵的形式表达为

$$\left(\frac{2}{\Delta t}[C]+[K_{\text{th}}]\right)^{t+\Delta t}\{T\}=[C]\left(\frac{2}{\Delta t}{}^{t}\{T\}+{}^{t}\{\dot{T}\}\right)+{}^{t+\Delta t}\{Q^{\text{a}}\} \quad (2.19)$$

这样，根据对式（2.17）的讨论，就可以从初始条件出发（如初始环境温度），参考以上关系表达式求得任意时刻目标内部的温度场分布情况。

2.2 热致应力应变模型

目标热应力的产生与温度发生变化有关，当 1064nm 增透熔石英窗口的温度改变时，其体内任何一个微小单元的膨胀或者收缩都会受来自周围相邻单元作用的影响，致使其形变不能自由发生，将目标的这种约束作用对其体内任一微小单元所造成的应力影响称为热应力。而当激光与目标发生作用时，由于目标吸收激光能量，能量会在目标体内以热传导方式扩散，进而在目标内部形成非均匀分布的温度场，这种非均匀分布的温度场与目标热变形会对目标产生约束作用，从而形成热应力，称为激光热应力。

激光与 1064nm 增透熔石英窗口作用时的目标形变规律和应力应变关系可用弹塑性力学理论来探索。通常情况下，当目标受激光作用时，目标会发生弹性变形，随着入射激光能量的不断加强，会在某一时刻目标体内任意一点的应力值达到极限，这时目标将会发生塑性变形。弹性力学和塑性力学之间最本质的区别就在于应变和应力之间是否存在线性关系。

激光诱导 1064nm 增透熔石英窗口热致应力应变损伤模型的构建需要联立热弹性平衡微分方程、几何方程及物理方程（根据虎克定律），由于耦合的方程较多，因此物性参数与应力应变的变化关系非常复杂，很难直接从耦合方程中得出统一的规律，往往需要通过数值求解耦合

方程得到应力应变的变化特征与规律。

1. 平衡微分方程

假设在 1064nm 增透熔石英窗口内部存在一个点 O，在 O 点外选取一个微元六面体 $OABC$，它是由两个距离为 $\mathrm{d}z$ 的平面、两个圆柱面（半径差是 $\mathrm{d}r$）、两个夹角是 $\mathrm{d}\theta$ 以及 z 轴的垂直面所围成的。因为目标呈轴对称分布，环向正应力 σ_θ 没有增量。

假设：σ_r 与 $\sigma_r + \dfrac{\partial \sigma_r}{\partial r}\mathrm{d}r$ 分别为内圆柱面、外圆柱面受到的径向正应力；σ_z 与 $\sigma_z + \dfrac{\partial \sigma_z}{\partial z}\mathrm{d}r$ 分别为六面体下面、上面受到的轴向正应力；τ_{rz} 与 $\tau_{rz} + \dfrac{\partial \tau_{rz}}{\partial r}\mathrm{d}r$ 分别为内、外圆柱面受到的剪应力；r 和 z 分别为体力的径向分量和轴向分量。

把微元六面体 $OABC$ 受到的力投影到半径方向上，有

$$\left(\sigma_r + \frac{\partial \sigma_r}{\partial r}\mathrm{d}r\right)(r+\mathrm{d}r)\mathrm{d}\theta\mathrm{d}z - \sigma_r r\mathrm{d}\theta\mathrm{d}z + \left(\tau_{zr} + \frac{\partial \tau_{zr}}{\partial z}\right)r\mathrm{d}\theta\mathrm{d}r$$

$$-\tau_{zr}\mathrm{d}\theta\mathrm{d}r - 2\sigma_\theta \mathrm{d}r\mathrm{d}z sin\frac{\mathrm{d}\theta}{2} + Rr\mathrm{d}\theta\mathrm{d}r\mathrm{d}z = 0 \qquad （2.20）$$

把式（2.20）展开并消项，令 $sin\dfrac{\mathrm{d}\theta}{2} = \dfrac{\mathrm{d}\theta}{2}$，每一项都除以 $r\mathrm{d}r\mathrm{d}\theta\mathrm{d}z$，可得

$$\frac{\sigma_r}{r} + \frac{\partial \sigma_r}{\partial r} + \frac{\partial \sigma_r}{\partial r}\frac{\mathrm{d}r}{r} + \frac{\partial \tau_{rz}}{\partial z} - \frac{\sigma\theta}{r} + R = 0 \qquad （2.21）$$

忽略微量 $\dfrac{\partial \sigma_r}{\partial r}\dfrac{\mathrm{d}r}{r}$，有

$$\frac{\partial \sigma_r}{\partial r} + \frac{\partial \tau_{zr}}{\partial z} + \frac{\sigma_r - \sigma_\theta}{r} + R = 0 \qquad （2.22）$$

把微元六面体 $OABC$ 受到的力投影到轴线方向上，有

$$\left(\sigma_z + \frac{\partial \sigma_z}{\partial z}\mathrm{d}z\right)r\mathrm{d}\theta\mathrm{d}r - \sigma_z r\mathrm{d}\theta\mathrm{d}r + \left(\tau_{rz} + \frac{\partial \tau_{rz}}{\partial r}\right)r\mathrm{d}\theta\mathrm{d}z + Zr\mathrm{d}\theta\mathrm{d}z = 0 \qquad （2.23）$$

每项除以 $r\mathrm{d}r\mathrm{d}\theta\mathrm{d}z$，并忽略微量 $\dfrac{\partial\tau_{rz}}{\partial z}\dfrac{\mathrm{d}r}{r}$，整理得

$$\frac{\partial\sigma_r}{\partial z}+\frac{\partial\tau_{rz}}{\partial r}+\frac{\tau_{rz}}{r}+Z=0 \tag{2.24}$$

平衡微分方程为

$$\frac{\partial\sigma_r}{\partial r}+\frac{\partial\tau_{zr}}{\partial z}+\frac{\sigma_r-\sigma_\theta}{r}+R=0$$
$$\frac{\partial\sigma_z}{\partial z}+\frac{\partial\tau_{zr}}{\partial r}+\frac{\tau_{zr}}{r}+Z=0 \tag{2.25}$$

式中：τ_{zr} 为剪切应力；σ_r 为径向应力；σ_z 为轴向应力；σ_θ 为环向应力。

2. 几何方程

模型中，每一点的位移仅有两个方向（z 方向和 r 方向），不存在沿环向的位移。

径向应变为

$$\varepsilon_r=\frac{\left(u+\dfrac{\partial u}{\partial r}\mathrm{d}r-u\right)}{\mathrm{d}r}=\frac{\partial u}{\partial r} \tag{2.26}$$

轴向应变为

$$\varepsilon_z=\frac{\partial w}{\partial z} \tag{2.27}$$

环向应变为

$$\varepsilon_\theta=\frac{\left(r+u\right)\mathrm{d}\theta-r\mathrm{d}\theta}{r\mathrm{d}\theta}=\frac{u}{r} \tag{2.28}$$

剪应变为

$$\gamma_{zr}=\frac{\left(w+\dfrac{\partial w}{\partial r}\mathrm{d}r\right)-w}{\mathrm{d}r+\dfrac{\partial u}{\partial r}\mathrm{d}r}+\frac{\left(u+\dfrac{\partial u}{\partial z}\mathrm{d}z\right)}{\mathrm{d}z+\dfrac{\partial w}{\partial z}\mathrm{d}z}=\frac{\dfrac{\partial w}{\partial r}}{1+\dfrac{\partial w}{\partial z}}+\frac{\dfrac{\partial u}{\partial z}}{1+\dfrac{\partial w}{\partial z}}=\frac{\partial w}{\partial r}+\frac{\partial u}{\partial z} \tag{2.29}$$

几何方程为

$$\{\boldsymbol{\varepsilon}\} = \begin{bmatrix} \varepsilon_r & \varepsilon_z & \varepsilon_\theta & \gamma_{zr} \end{bmatrix}^{\mathrm{T}} = \left[\frac{\partial w}{\partial z}, \frac{\partial u}{\partial r}, \frac{u}{r}, \frac{\partial w}{\partial r} + \frac{\partial u}{\partial z} \right]^{\mathrm{T}} \quad (2.30)$$

式中：w 为轴向位移；u 为径向位移；$\{\boldsymbol{\varepsilon}\}$ 为应变列向量。

当已知 1064nm 增透熔石英窗口体内与空间坐标的关系时，就可以通过式（2.30）求得目标应变各分量的数值，以及通过对物理方程的求解得到应力各分量的大小。

3. 物理方程

依据广义胡克定律，可得

$$\begin{cases} \varepsilon_r = \dfrac{1}{E} \left[\sigma_r - \mu(\sigma_\theta + \sigma_z) \right] \\[2mm] \varepsilon_\theta = \dfrac{1}{E} \left[\sigma_\theta - \mu(\sigma_z + \sigma_r) \right] \\[2mm] \varepsilon_z = \dfrac{1}{E} \left[\sigma_z - \mu(\sigma_\theta + \sigma_r) \right] \\[2mm] \gamma_{zr} = \dfrac{2(1+\mu)}{E} \tau_{zr} \end{cases} \quad (2.31)$$

由应变分量可得应力分量的函数为

$$\begin{cases} \sigma_r = \dfrac{E}{(1+\mu)(1-2\mu)} \left[(1-\mu)\varepsilon_r + \mu(\varepsilon_\theta + \varepsilon_z) \right] \\[2mm] \sigma_\theta = \dfrac{E}{(1+\mu)(1-2\mu)} \left[(1-\mu)\varepsilon_\theta + \mu(\varepsilon_r + \varepsilon_z) \right] \\[2mm] \sigma_z = \dfrac{E}{(1+\mu)(1-2\mu)} \left[(1-\mu)\varepsilon_z + \mu(\varepsilon_\theta + \varepsilon_r) \right] \\[2mm] \tau_{rz} = \tau_{zr} = \dfrac{E}{2(1+\mu)} \gamma_{zr} \end{cases} \quad (2.32)$$

式中：μ 为泊松比；E 为弹性模量。

针对物理方程可以看出，应力的大小与杨氏模量呈线性关系。因此，在相同激光能量密度和脉冲宽度条件下，杨氏模量越大，可推断其热应力强度就越强。

32

2.3 燃烧波扩展模型

2.3.1 激光诱导等离子体的产生过程

激光诱导 1064nm 增透熔石英窗口产生等离子体是一个非常复杂的过程。从产生的宏观过程来看，当激光作用于目标时，由于对激光能量的吸收使目标体内温度很快升高，当超过沸点时，目标将发生气化并在目标表面附近形成气化蒸气。随着激光的持续作用，蒸气在后续激光的作用下会发生电离，从而形成等离子体。等离子体在激光的作用下其自身密度还会不断升高，从而对激光形成更强的吸收，产生体积膨胀并向外快速扩展形成冲击波。等离子体的形成机制主要有两种：一是多光子吸收；二是雪崩电离。

当力多光子吸收时，自由电子产生吸收 k 个光子的电离率 w，可表示为

$$w = \frac{\sigma^k F^k}{v_0^{k-1}(k-1)} = A_\mathrm{I} F^k \qquad (2.33)$$

式中：σ 为自由电子从低能级向高能级的跃迁截面；v_0 为光致电离频率；F 为光子数密度；A_I 为原子在单位时间内发生电离的概率。

多光子吸收后产生的自由电子可通过逆韧致辐射再吸收激光能量成为高能电子，该高能自由电子通过与气体粒子碰撞产生更多的自由电子，形成雪崩电离。

自由电子产生的速率方程可写为

$$\frac{\partial N_\mathrm{e}}{\partial t} = (r_\mathrm{e} - r_\mathrm{a} - \frac{D}{\varLambda^2})N_\mathrm{e} \qquad (2.34)$$

式中：r_e 为电子的产生速率；r_a 为电子的吸附速率；$\varLambda$ 为电子的扩散特征长度；D 为电子的扩散系数。

对于入射的毫秒脉冲激光，由于目标内部自由电子发生碰撞的时

间很短，仅有 10^{-11}s 左右，碰撞时间远小于脉宽，故可将电离产生的蒸气看作局部热平衡的。在等离子体产生过程中，其内部温度可达到 $10^3 \sim 10^4$ K，对处在热力学平衡状态的气体，可应用 Saha 方程对电离气体的状态进行描述。

根据电荷数守恒和原子数守恒定律，处于 m 级电离的电离度 x 和离子数密度 n 之间应该有以下等式成立，即

$$\begin{cases} \sum n_m = n \\ \sum x_m = 1 \end{cases} \tag{2.35}$$

$$\begin{cases} \sum m n_m = n_e \\ \sum m x_m = x_e \end{cases} \tag{2.36}$$

式中：n 为全部被电离的离子数密度的和；x_e 为电子的浓度比；x_m 为处在 m 级电离的离子浓度比。具体可写为

$$x_e = \frac{n_e}{n}, \quad x_m = \frac{n_m}{n} \tag{2.37}$$

此外，还有

$$\frac{x_{m+1}}{x_m} x_e = \frac{1}{\rho n} \frac{n_{m+1}}{n_m} n_e \tag{2.38}$$

式（2.37）和式（2.38）确定了电子浓度和离子浓度与气体温度、密度之间的关系。

将激光诱导产生的等离子体看作一类特殊的流体，那么它应该满足以下几个流体力学基本方程。

1. 连续性方程

考虑任意一个体积 V，包围这部分体积的曲面为 S，那么单位时间从体积 V 内流出体外的流体质量为

$$\oint_S \rho v \mathrm{d}f = \int_V \nabla \cdot (\rho v) \, \mathrm{d}V \tag{2.39}$$

式中：ρ 为流体的质量密度；v 为流体的速度。

连续性方程认为流体的总质量是守恒的，没有粒子的生成和湮灭。

单位时间内，考虑体积 V 内物质的质量损失为

$$-\frac{\mathrm{d}}{\mathrm{d}t} \int_V \rho v \mathrm{d}V = -\int_V \frac{\partial \rho}{\partial t} \mathrm{d}V \tag{2.40}$$

根据质量守恒定律，单位时间从体积 V 内流出体外的流体质量就应该是这段时间体积 V 中物质的质量损失，即上面两式是相等的，有

$$\int_V \left[\frac{\partial \rho}{\partial t} + \nabla \cdot (\rho \boldsymbol{v}) \right] \mathrm{d}V = 0 \quad (2.41)$$

由于体积 V 是任意的，所以满足式（2.41）成立，应该有

$$\frac{\partial \rho}{\partial t} + \nabla \cdot (\rho \boldsymbol{v}) = 0 \quad (2.42)$$

式（2.42）即为连续性方程。

2. 动量方程

因为流体的运动携带动量，单位时间内，体积 V 中流体动量的改变为

$$\frac{\mathrm{d}}{\mathrm{d}t} \int_V \rho \boldsymbol{v} \mathrm{d}V = \int_V \frac{\partial (\rho \boldsymbol{v})}{\partial t} \mathrm{d}V \quad (2.43)$$

那么，在该段时间体积 V 中由于流体运动而导致的动量损失为

$$\oint_S \rho v^2 \mathrm{d}f = \int_V \nabla \cdot (\rho v^2) \mathrm{d}V \quad (2.44)$$

造成体积 V 中动量损失的另一个原因是流体运动对附近流体产生压力从而导致其损失动量，由该过程导致的动量损失可以表示为

$$\oint_S p \mathrm{d}f = \int_V (\nabla p) \mathrm{d}V \quad (2.45)$$

式中：p 为流体的压强。

当物质受外力 F 作用时，其在单位时间内由于外力 F 的作用而使体积 V 中流体获得的动量就应该是 $\int_V \rho F \mathrm{d}V$，根据动量守恒原理，有

$$-\int_V \frac{\partial (\rho \boldsymbol{v})}{\partial t} \mathrm{d}V = \oint_S \rho v^2 \mathrm{d}f + \oint_S p \mathrm{d}f - \int_V \rho F \mathrm{d}V \quad (2.46)$$

因为 V 的选择是任意的，有动量方程，即

$$\frac{\partial (\rho \boldsymbol{v})}{\partial t} = -\nabla \cdot (\rho v^2 + p) + \rho F \quad (2.47)$$

根据连续性方程式（2.42），可将动量方程式（2.47）的形式进行化简，有

$$\rho[\frac{\partial \boldsymbol{v}}{\partial t} + (\boldsymbol{v} \cdot \nabla)\boldsymbol{v}] = -\nabla p + \rho F \tag{2.48}$$

因为动量为矢量，且流体的运动会携带动量，因此动量张量为 $\prod_{ik} = p\delta_{ik} + \rho u_i u_k$，或者写成 $\prod = pI + \rho v^2$ 的形式，其中 I 为单位张量。因此，在没有外场的条件下，可将动量方程式（2.48）改写为

$$\frac{\partial(\rho \boldsymbol{v})}{\partial t} + \nabla \cdot \prod = 0 \tag{2.49}$$

3. 能量方程

在体积 V 中，流体的能量包括两部分：一是流体的动能；二是流体的内能，即

$$\int_{v_0} (\frac{1}{2}\rho v^2 + \rho\xi)\boldsymbol{v} \cdot \mathrm{d}f = \int_V \nabla \cdot [(\frac{1}{2}\rho v^2 + \rho\xi)\boldsymbol{v}]\mathrm{d}V \tag{2.50}$$

式中：ξ 为单位质量的物质内能。

在单位时间内，考虑体积 V 中的流体对附近流体做功而导致其能量的损失为

$$-\frac{\mathrm{d}}{\mathrm{d}t}\int_v (\frac{1}{2}\rho v^2 + \rho\xi)\mathrm{d}V = \oint_S (\frac{1}{2}\rho v^2 + \rho\xi)\boldsymbol{v} \cdot \mathrm{d}f + \oint_S p\boldsymbol{v} \cdot \mathrm{d}f \tag{2.51}$$

体积 V 是任意选择的，有

$$\frac{\partial}{\partial t}(\frac{1}{2}\rho v^2 + \rho\xi) + \nabla \cdot [(\frac{1}{2}\rho v^2 + \rho\xi + p)\boldsymbol{v})] = 0 \tag{2.52}$$

物质的焓和内能之间满足以下等式，即

$$H = \xi + \frac{p}{\rho} \tag{2.53}$$

式中：ρ 为流体的局部内能密度，能量方程可以表示为

$$\frac{\partial}{\partial t}(\frac{1}{2}\rho v^2 + \rho\xi) + \nabla \cdot [(\frac{1}{2}\rho v^2 + \rho H)\boldsymbol{v}] = 0 \tag{2.54}$$

4. 状态方程

倘若将等离子体视为理想气体，其满足的状态方程可以写为

$$p = \frac{\rho T}{m} \tag{2.55}$$

式中：p 为压强；T 为温度；m 为流体分子的原子质量。

36

综上，就可以分别求出等离子体的质量密度 ρ、速度 v、内能 ξ 及压强 p。

2.3.2 等离子体对激光能量的屏蔽效应

等离子体产生以后，会向外部空间迅速膨胀，在扩展阶段，由于激光的持续作用，等离子体还会对激光能量继续吸收，这就导致部分激光能量不能入射到目标表面，延缓了能量与目标之间的耦合过程，这种现象称为等离子体屏蔽效应。在研究激光与物质相互作用过程中，考虑等离子体屏蔽效应对损伤过程的影响十分必要。逆韧致辐射对于能量的吸收是等离子体屏蔽现象产生的主要机制。等离子体对激光能量的吸收方式还主要体现为基态原子的跃迁以及激发态原子的电离。在研究激光诱导目标损伤的过程中，考虑等离子体屏蔽效应可以更准确地获得激光与目标之间的能量耦合过程。

对于等离子体屏蔽效应进行研究需要考虑逆韧致辐射吸收系数的影响，通过查阅国内外相关文献资料发现，针对不同的目标，逆韧致辐射吸收系数的表达式也略有差异。对于完全电离等离子体，有

$$\mu(\omega) = \frac{N_i N_e \lambda^2 \mathrm{e}^6 \ln \dfrac{2.25\kappa T}{\hbar\omega}}{6\pi\varepsilon_0^3 m_e n_1 c \omega^2 \kappa T \sqrt{2\pi m_e \kappa T}} \tag{2.56}$$

式中：n_1 为等离子体折射率实部；N_i 为离子密度；N_e 为电子密度。

通过式（2.56）可以看出，入射激光波长与逆韧致辐射吸收系数之间成正比关系。这就说明，长波长激光与目标作用时，产生的等离子体屏蔽效应更显著，出现该效应的时间也就越提前。

2.3.3 激光支持燃烧波的产生和传播

在等离子体的产生过程中，由于多光子吸收和雪崩电离机制导致电子数量快速升高，在后续激光的作用下，等离子体中的电子密度持续增加，并不断吸收能量使电子被加热，引起等离子体前端空气发生电离。等离子体电离度的升高会进一步加强对激光的吸收，这就使得等离子体区域内的压强和温度远远超过附近气体的压强和温度，从而发生体积快速膨胀并向周围辐射热能，在逆激光入射方向膨胀形成激

光支持燃烧波。

在燃烧波的传播过程中，考虑气流是层流的形式，且燃烧波中的等离子体认为是热平衡的，等离子体的光学及热力学特性与压强和温度相关，主要考虑逆轫致辐射过程、热辐射过程、热传导过程和热对流过程对整个传输过程的影响。激光支持燃烧波的气体动力学和热力学过程，主要由以下 4 个方程控制。

（1）连续性方程。

$$\frac{\partial \rho}{\partial t} + \nabla \cdot (\rho v) = 0 \tag{2.57}$$

式中：$v(v_r = v, v_z = u)$ 为气流速度，下标 r 和 z 分别为径向分量和轴向分量；ρ 为密度；t 为时间。

（2）可压缩 Navier–Stokes 方程。

$$\rho(v \cdot \nabla)v = -\nabla\left(p + \frac{2}{3}\eta\nabla \cdot v\right) + \nabla \cdot \left(\eta(\nabla v + \nabla \tilde{v})\right) + (\rho_0 - \rho)g \tag{2.58}$$

式中：p 为实际压强相对于标准大气压 $p_0 = 10^5 \text{Pa}$ 的偏差；$\tilde{v}$ 为对 v 的转置运算；ρ_0 为初始时刻的密度；η 为黏性系数；$g(g_r = 0, g_z = -g)$ 为重力加速度。

（3）能量守恒方程。

主要由对流、热传导、激光辐射吸收和选择性热辐射传输过程决定。

$$\rho c_p \frac{\partial T}{\partial t} + \rho v \cdot c_p \nabla T = \nabla \cdot (\lambda \nabla T) + Q_L + Q_R \tag{2.59}$$

式中：c_p 为比热容；T 为温度；λ 为热导率。

（4）多组扩散近似的热辐射传输方程。

$$\nabla \cdot \left(\frac{1}{3\chi_m}\nabla U_m\right) = \chi_m(U_m - U_{eq,m}) \quad m = 1, 2, \cdots, N \tag{2.60}$$

式中：Q_L 为激光辐射作为等离子体内热源的功率密度，有

$$Q_L = \mu J, \quad J = \frac{P_L}{\pi R_L^2} \exp\left(-\frac{r^2}{R_L^2}\right) \exp\left(-\int_0^z \mu \mathrm{d}z\right) \quad (2.61)$$

式中：J 为激光束的强度；P_L 和 R_L 分别为激光功率和光束半径；μ 为等离子体对激光能量的逆韧致辐射吸收系数。

$$\mu = \frac{5.72 \times p^2 \chi_e}{\left(\dfrac{T}{10^4}\right)^{7/2}} \ln\left(\frac{2.7 \times 10^{-4}}{T p_e^{1/3}}\right) \quad (2.62)$$

式中：$\chi_e = p_e/p$ 为平衡电子密度；p_e 为电子压强。

将辐射传输 Q_R 看作系统热源，其表达式为

$$Q_R = \sum_{m=1}^{N_m} c \chi_m \left(U_m - U_{eq,m}\right) \quad (2.63)$$

式中：χ_m 为第 m 组辐射的体吸收系数；U_m 为第 m 组介质热辐射的能量密度；$U_{eq,m}$ 为第 m 组理想黑体辐射密度；c 为光速；N_m 为多组扩散近似中的热辐射组数。

激光诱导等离子体的能量传输过程研究主要考虑以下几个参量：

$$Q_L = \mu J、Q_R = \sum_{m=1}^{N_m} c \chi_m \left(U_m - U_{eq,m}\right)、Q_{CD} = \nabla \cdot (\lambda \nabla T) \text{ 和 } Q_{CV} = -\rho \boldsymbol{v} \cdot c_p \nabla T，$$

其物理含义分别为逆韧致辐射、热辐射、热传导和对流过程引起的空间能量密度变化率，当其为正值时意味着空间能量密度的增加；反之亦然。

在等离子体膨胀时的力学问题采用气体动力学理论来研究，将等离子体视为处于局域热力学平衡态的中性流体，其运动状态属于稳态

的层流流动，运动中遵循质量、动量和能量守恒方程，即

$$\frac{\partial U}{\partial t} + \frac{\partial \overline{f}(U)}{\partial x} + \frac{\partial \overline{g}(U)}{\partial y} + \frac{\partial \overline{h}(U)}{\partial z} = H(U) \tag{2.64}$$

其中

$$U = \begin{bmatrix} \rho \\ \rho u \\ \rho \upsilon \\ \rho w \\ e \end{bmatrix}, \quad \overline{f}(U) = \begin{bmatrix} \rho u \\ \rho u^2 + p \\ \rho u \upsilon \\ \rho u w \\ u(e+p) \end{bmatrix}, \quad \overline{g}(U) = \begin{bmatrix} \rho \upsilon \\ \rho u \upsilon \\ \rho \upsilon^2 + p \\ \rho u w \\ \upsilon(e+p) \end{bmatrix}$$

$$\overline{h}(U) = \begin{bmatrix} \rho w \\ \rho u w \\ \rho \upsilon w \\ \rho w^2 + p \\ w(e+p) \end{bmatrix}, \quad H(U) = \begin{bmatrix} \rho_\upsilon \\ 0 \\ \dot{\rho}_\upsilon w_\upsilon \\ 0 \\ E_L - q_r \end{bmatrix} \tag{2.65}$$

式中：ρ 为等离子体密度；ρ_υ 为气化目标物质的密度；u、υ、w 分别为等离子体沿 x、y、z 轴的速度；w_υ 为目标蒸气在 z 方向（逆激光入射方向）上的运动速度；e 为等离子体的比内能；p 为压强；E_L 为等离子体吸收的激光能量；q_r 为等离子体损失的能量。

式（2.65）中的变量应满足

$$p = (\gamma - 1)(e - \rho \frac{u^2 + \upsilon^2}{2}) \tag{2.66}$$

式中：γ 为等离子体的等熵指数。

燃烧波阵面可看成流体力学的间断面，两边的物理量对应的质量、动量和能量守恒方程可表示为

40

$$\rho D = \rho_s \left(D - u_s \right)$$

$$\rho D^2 + P = P_s + \rho_s \left(D - u_s \right)^2 \qquad (2.67)$$

$$\rho D \left(h + \frac{D^2}{2} \right) = \rho_s \left(D - u_s \right) \left[h_s + \frac{\left(D - u_s \right)^2}{2} \right] + I_0 - q_r - q_l$$

式中：h 为比焓；q_r、q_l 分别为等离子体朝向目标方向和燃烧波方向的辐射损失；P_s、ρ_s、h_s 和 u_s 分别为燃烧波前的压强、等离子体密度、比焓和速度，可由波前静止气体参数、物态方程和燃烧波速度确定。

燃烧波阵面的压强、比焓为

$$\begin{cases} p = \left(1 - \dfrac{2W}{\gamma_s - 1}\right) P_s = \left(1 - \dfrac{2W}{\gamma_s - 1}\right) \left(\dfrac{\gamma_s + 1}{2} \rho_0\right)^{1/3} \left[\dfrac{(\gamma - 1)(\gamma + 1)I_p}{(\gamma + W)(\gamma_s - 1 - 2W)} \gamma_s - 1\right]^{2/3} \\ p = 4^{1/3} (\gamma - 1)^{2/3} (\gamma + 1)^{-1/3} \rho_0^{1/3} I^{2/3}(t) \end{cases}$$

$$(2.68)$$

$$h = 4^{1/3} (\gamma^2 + \gamma - 1)(\gamma + 1)^{-1} (\gamma^2 - 1)^{-1/3} \rho_0^{-2/3} I^{2/3}(t) \qquad (2.69)$$

燃烧波阵面的扩展速度为

$$D = [2(\gamma^2 - 1) \frac{I(t)}{\rho}]^{1/3} \qquad (2.70)$$

燃烧波阵面后的等离子体密度为

$$\rho_p = \frac{(\gamma + 1)\rho_0}{\gamma} \qquad (2.71)$$

燃烧波的扩展速度与燃烧波阵面处的压强之间满足

$$p = \frac{\rho_0 \cdot D^2}{(\gamma + 1)} \qquad (2.72)$$

燃烧波的形成增强了激光与目标的力学耦合和热学耦合，对目标的损伤效果增强。

2.4 小　结

本章采用分阶段建模的方法对毫秒脉冲激光诱导 1064nm 增透熔石英窗口损伤所涉及的温升过程、热致应力应变过程及燃烧波扩展过程进行理论建模。采用这种分阶段建模的方式主要是考虑到建立一个包含全过程激光与 1064nm 增透熔石英窗口相互作用的模型是一个涉及众多物理场且各物理场之间存在耦合的过程，倘若在一个模型中实现对上述所有物理过程的建模，那么可想而知后期的运算量将是相当巨大的。通过这种分阶段建模的方法可以在一定程度上简化相关过程的计算，从而为接下来的仿真模型建立带来帮助。本章针对激光诱导 1064nm 增透熔石英窗口损伤过程的建模，是将激光考虑为高斯型，并按激光损伤目标的不同阶段，将全过程分为温升阶段、热致应力应变阶段及燃烧波扩展阶段，针对不同阶段所涵盖的主要物理过程建立相关模型。

（1）温升模型。在建立模型时考虑到长脉冲激光的高斯分布特征，将入射到目标表面的激光看作随时间变化的热源，由于目标为透明介质，因此将该热源视为体热源。针对实际 1064nm 增透熔石英窗口包含的七层结构，推导并且得到适用于多层结构目标的激光体热源表达式，实现了对模型温升部分的修正，提高了模型的计算精度。利用等效比热容法处理目标发生熔融相变的过程，通过对所建模型的分析可知，1064nm 增透熔石英窗口的温升过程不仅与加载激光的能量和脉宽有关，在涉及目标发生熔融相变的过程中，相变潜热与固相率的变化也是影响温升的因素。

（2）热致应力应变模型。依据弹塑性力学理论，通过联立热弹性平衡方程、几何方程及物理方程，推导出轴对称瞬态热应力场的表达式。从热平衡方程可以看出，温度梯度（温度分布不均匀）是目标产生质点位移（目标发生形变）的根本原因，目标发生形变的大小与其热膨胀系数的大小有关。在已知 1064nm 增透熔石英窗口内部各质点位移所对应的空间坐标时，便可根据几何方程求出各应变分量，进而根据物理方程得到应力各分量。对所建立的模型进行分析可知，目标发生热应力应变过程，不仅受激光能量和脉宽因素的影响，而且杨氏模量也是目标应力变化的影响因素。

（3）激光支持燃烧波扩展模型。针对激光对 1064nm 增透熔石英窗口产生致燃损伤过程中存在的激光支持燃烧波，根据目标产生温升和熔融过程、目标气化和部分离化过程，采用多物理场耦合的手段，分阶段对激光支持燃烧波的传播过程进行建模。模型中考虑了逆韧致辐射、热辐射、热传导和对流过程对燃烧波传播过程的影响。通过分析可知，单位时间内的能量密度大小，即激光功率密度大小是诱导等离子体产生的主要影响因素，而在对激光支持燃烧波的产生、传播和气体动力学行为的研究过程中发现激光的能量密度和脉宽是其重要影响因素。

第3章　激光诱导1064nm增透熔石英窗口损伤仿真

　　激光对熔石英及其表面膜层材料的损伤是一个复杂的物理过程，它主要由两方面的性质决定：一是激光性质，如激光脉宽、能量密度、重复频率、光斑半径等；二是材料自身的属性。不同的激光条件会对同一种材料产生不同的作用效果，根据损伤效果的不同，又可分为热损伤、应力应变损伤、致燃损伤以及多种损伤效应的耦合作用等。本章基于前文所建立的激光诱导 1064nm 增透熔石英窗口损伤温升模型、热致应力应变模型和激光支持燃烧波模型，对激光与目标相互作用过程中产生的温度场和应力场分布进行了数值仿真分析，同时针对激光对熔石英材料产生致燃损伤过程中存在的激光支持燃烧波，考虑激光作用的温度残余、目标表面气流状况的分布等效应，分阶段对激光支持燃烧波的传播过程进行建模和仿真研究。

3.1　温升仿真

3.1.1　温升仿真模型的建立

　　毫秒脉冲激光作用于 1064nm 增透熔石英窗口表面后，目标表面膜层和基底首先吸收激光能量，而后将光能转化为热能，其带来的直接作用效果就是目标体内温度的上升和局部体积的膨胀。由于目标为透明介质，考虑其对激光的吸收为体吸收形式，激光在空间中的分布为高斯型，且激光光斑半径相对于目标尺寸较小，因而计算时采用二维轴对称模型。图 3.1 所示为毫秒脉冲激光辐照 1064nm 增透熔石英窗口模型。其中，激光波长为 1064nm；脉冲宽度为 0.5～3.0ms，每隔 0.5ms 可调；激光光斑半径为 1.0mm；计算区域长度 a=12.5mm，厚度 h=4.0mm。考虑单脉冲和脉冲串两种作用模式，其中脉冲串模式下的激光重复频率分别为 2.0Hz、5.0Hz 和 10.0Hz。

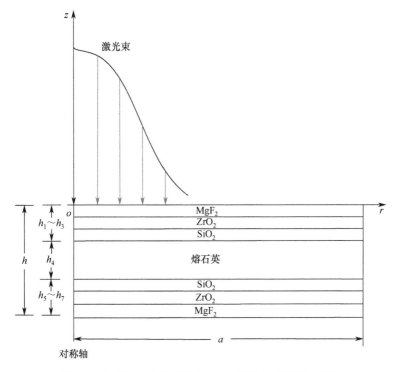

图 3.1 毫秒脉冲激光辐照 1064nm 增透熔石英窗口模型

边界条件（分为上、下表面和侧面），在上、下表面，有

$$-k_1 \frac{\partial T_1(r,z,t)}{\partial z}\Big|_{z=0} = 0 \qquad （3.1）$$

$$-k_7 \frac{\partial T_7(r,z,t)}{\partial z}\Big|_{z=h} = 0 \qquad （3.2）$$

在侧面，有

$$k \frac{\partial T(r,z,t)}{\partial r}\bigg|_{r=a} = 0 \qquad (3.3)$$

假设薄膜和基底的交界面为理想接触，则

$$T_i(r,z,t)\big|_{z=h_i} = T_{i+1}(r,z,t)\big|_{z=h_{i+1}} \qquad (3.4)$$

初始条件为

$$T_i(r,z,0) = 300\text{K} \qquad (3.5)$$

在式（3.4）和式（3.5）中，$i = 1,2,\cdots,7$ 分别为图 3.1 所示模型中的各层介质材料，各层介质材料的厚度用 h_i 来表示。1064nm 增透熔石英窗口的相关热力学参数见表 3.1。

表 3.1   1064nm 增透熔石英窗口相关热力学参数

参数名称	MgF$_2$	ZrO$_2$	SiO$_2$	熔石英
密度/（g/cm^3）	3.16	5.58	2.32	2.20
折射率	1.38	2.10	1.46	1.45
杨氏模量/GPa	138.50	170.00	87.00	72.60
泊松比	0.27	0.28	0.16	0.16
熔点/K	1 248	2 680	1 973	1 730
热膨胀系数/K^{-1}	9.00×10^{-6}	10.20×10^{-6}	0.50×10^{-6}	7.95×10^{-7}

仿真方法方面，对于 1064nm 增透熔石英窗口体内温度场的求解使用有限差分–有限元法，分别利用有限差分算法对目标时间域进行网格离散，利用有限元法对目标空间域进行网格离散。在兼顾计算精度和计算效率的前提下，针对膜层和基底材料的实际物理尺寸，使用变网格技术对目标区域进行离散划分。基本原则是：在温升速度较快及温度梯度较大的区域划分较细致的网格，在其他区域划分相对稀疏的网格。在具体计算中首先利用上述基本原则对目标区域进行离散；然后针对激光作用区域划分 2 倍的网格，对比两次计算结果的差异，如果计算结果相差较大，则需要继续对网格进行细化；如果两次计算结果相差不大，则认为达到了计算精度要求。1064nm 增透熔石英窗口仿真网格剖分图如图 3.2 所示。

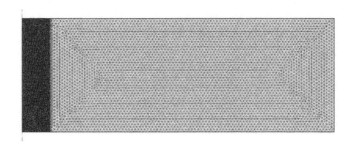

图 3.2 1064nm 增透熔石英窗口仿真网格剖分图

3.1.2 单脉冲条件下中心点温度随能量密度和脉宽的变化

图 3.3 给出了单脉冲条件下 1064nm 增透熔石英窗口上表面激光作用中心点温度随能量密度和脉冲宽度的变化关系，仿真时选取激光作用中心点与 1064nm 增透熔石英窗口中心相重合。能量密度最大值约为 $3.18 \times 10^3 \text{J/cm}^2$，脉冲宽度取值范围为 0.5～3.0ms，步长设定为 0.5ms。

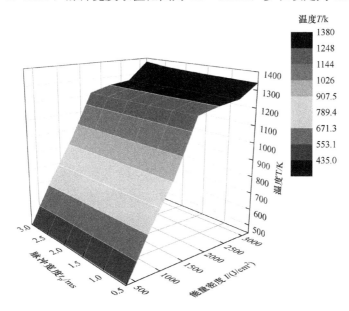

图 3.3 单脉冲条件下 1064nm 增透熔石英窗口上表面激光作用中心点温度随能量密度和脉冲宽度的变化关系

47

根据图 3.3 所示的仿真结果，结合 1064nm 增透熔石英窗口的物理特性可知，当温度达到膜层材料的熔点附近时，对应的激光脉冲宽度范围为 0.5~3.0ms，相应的激光脉冲能量密度范围为 $1.91 \times 10^3 \sim 2.55 \times 10^3$ J/cm^2，即在这个脉冲宽度和能量密度区间，1064nm 增透熔石英窗口开始出现熔融现象，即达到了 1064nm 增透熔石英窗口的热损伤阈值。当温度处于 1064nm 增透熔石英窗口的熔点至气化点区域，目标一直处于熔融状态，此时激光对 1064nm 增透熔石英窗口的损伤顺次主要表现为热损伤、应力损伤和热力耦合损伤。当温度达到 1360K 时，对应的激光脉冲宽度为 1.0ms，相应的激光脉冲能量密度为 3.18×10^3 J/cm^2。

从图 3.3 中还可以看到，1064nm 增透熔石英窗口的最高温度值在 1360K 附近，而膜层材料的熔点值约为 1248K，因此可以判断，当单脉冲激光作用于 1064nm 增透熔石英窗口后，膜层材料首先会发生熔融损伤，由于膜层材料吸收较多的热量，同时将热量传递至相邻的膜层中去，导致激光作用后目标内部产生较大的温度梯度，故可知在目标中形成的热应变较大，从而产生较大的热应力。这种热应力会在膜层与基底交界面之间达到最大。因此，熔石英基底最终也将连同薄膜材料一起发生熔融损伤。

选取特征脉冲宽度及能量密度作二维投影。

图 3.4 所示为图 3.3 在能量密度分别为 2.55×10^3 J/cm^2、2.86×10^3 J/cm^2 和 3.18×10^3 J/cm^2 时的截面曲线，反映了单脉冲特征能量密度条件下 1064nm 增透熔石英窗口上表面中心点温度随脉冲宽度的变化关系。图中各点是通过数值模拟得到的计算结果，曲线为不同能量密度条件下各数据点的三阶多项式拟合曲线。通过对图 3.4 进行分析可以得出以下结论：首先，当脉冲宽度一定时激光能量密度越高，目标表面温度越高；其次，由于目标表面中心点温度由该点处施加的激光能量密度决定，可见当能量密度固定时，随着激光脉冲宽度的增加，会使得目标表面中心点上的温度下降。

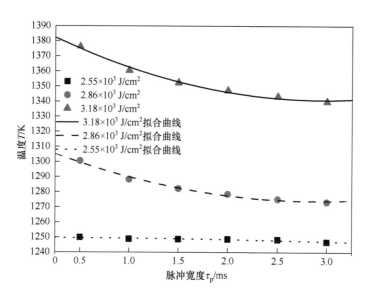

图 3.4 单脉冲特征能量密度条件下 1064nm 增透熔石英窗口上表面中心点温度随
脉冲宽度的变化关系

图 3.5 所示为选取特征脉冲宽度 τ_p=0.5ms 和 τ_p=3.0ms 时，得到的单脉冲特征脉冲宽度条件下 1064nm 增透熔石英窗口上表面中心点温度随激光能量密度的变化关系。其中各数据点是通过数值模拟得到的计算结果，曲线为不同脉冲宽度条件下各数据点的三阶多项式拟合曲线。从拟合曲线中可以看出，在能量密度区间为 $3.18\times10^2\sim1.91\times10^3$ J/cm^2 时温度上升很快，在 $1.91\times10^3\sim2.55\times10^3$ J/cm^2 的能量密度区间内由于出现固-液相变温升速度放缓，完成相变后（能量密度大于 2.86×10^3 J/cm^2）温升速度又继续加快。此外，从图 3.5 中还可以看出，拟合曲线在薄膜熔点附近出现由固-液相变产生的温度平台期。

根据图 3.3 所示仿真结果，以熔点温度为界限作截面，得到单脉冲条件下 1064nm 增透熔石英窗口热损伤阈值随脉冲宽度的变化关系如图 3.6 所示。

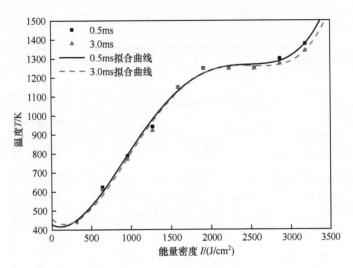

图 3.5 单脉冲特征脉冲宽度条件下1064nm增透熔石英窗口上表面中心点温度随
能量密度的变化关系

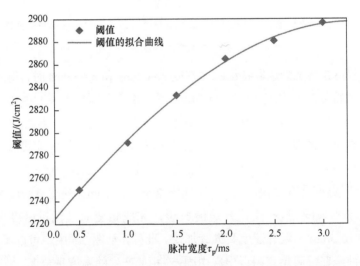

图 3.6 单脉冲条件下1064nm增透熔石英窗口热损伤阈值随脉冲宽度的变化关系

图 3.6 中各点代表不同脉冲宽度时，所对应的热损伤阈值，曲线
为各点的三阶多项式拟合曲线。通过图示曲线可以发现，在脉冲宽度
为 0.5～3.0ms 范围内，1064nm 增透熔石英窗口热损伤阈值较高（在

$2.72 \times 10^3 \sim 2.90 \times 10^3$ J/cm^2 之间），且随着脉冲宽度的增加，1064nm 增透熔石英窗口的热损伤阈值逐渐变大。

3.1.3 单脉冲条件下上表面温度随径向位置和时间的变化

图 3.7 所示为单脉冲固定能量密度（$I=3.18 \times 10^3$ J/cm^2 时）和脉冲宽度（$\tau_p = 1.0$ms）时，1064nm 增透熔石英窗口上表面温度随径向位置和时间的变化关系。径向位置 r 为 1064nm 增透熔石英窗口中心点到边缘的距离。

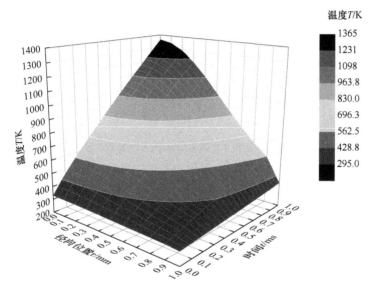

图 3.7 1064nm 增透熔石英窗口上表面温度随径向位置和时间的变化关系

根据图 3.7 所示仿真结果，由于作用激光为高斯对称分布，并根据 1064nm 增透熔石英窗口的熔点特性，可以估算得到 1064nm 增透熔石英窗口在时间 $t=0.96$ms 时熔融区的径向半径约为 0.2mm，从而计算出经激光作用后 1064nm 增透熔石英窗口热熔融损伤面积约为 0.13mm^2。

对应特征径向位置和特征时刻作二维投影，给出单脉冲固定能量密度 $I=3.18 \times 10^3$ J/cm^2 和脉冲宽度 $\tau_p = 1.0$ms 时，1064nm 增透熔石英窗口上表面特征径向位置温度随时间的变化关系如图 3.8 所示；特征时

刻1064nm增透熔石英窗口上表面温度随径向位置的变化关系如图3.9
所示。

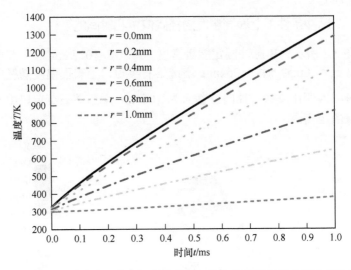

图 3.8　1064nm 增透熔石英窗口上表面特征径向位置温度随时间的变化关系

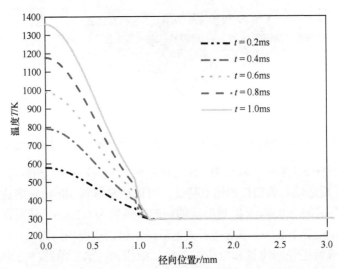

图 3.9　特征时刻 1064nm 增透熔石英窗口上表面温度随径向位置的变化关系

图 3.8 是图 3.7 在径向位置 r=0.0mm、0.2mm、0.4mm、0.6mm、

0.8mm 和 1.0mm 时的截面曲线，其反映了 1064nm 增透熔石英窗口上表面径向不同位置的温度随时间的变化关系。由图 3.8 所示的仿真结果可知，在光斑半径区域内，随脉冲激光作用时间的增加，各点温度值均逐渐增加。在激光辐照中心点产生的温度最大值约为 1360K，超过了膜层材料的熔点值，在光斑半径边缘产生的温升值最小，沿半径方向各点的温度呈下降趋势。

图 3.9 是图 3.7 在时间 t=0.2ms、0.4ms、0.6ms、0.8ms 和 1.0ms 时的截面曲线，主要反映了不同时刻 1064nm 增透熔石英窗口上表面温度随径向位置的变化关系。从图 3.9 中的曲线可以看出，目标表面温度升高的区域主要集中在激光光斑半径范围内，且各点温度随激光作用时间的增加逐渐升高。激光作用结束时，在光斑半径边缘附近形成的温度梯度最大，故可知在目标中形成的热应变较大，从而形成较大的热应力。由于激光的高斯分布特性，所以温升曲线在径向上也呈现高斯分布的现象。根据上面的分析可知，通过判断激光作用结束后 1064nm 增透熔石英窗口的热应力是否超过其自身的抗压强度或抗拉强度，可以初步确定目标是否发生损伤。

3.1.4 单脉冲条件下温度随轴向位置和时间的变化

图 3.10 所示为单脉冲固定能量密度（I=3.18×10^3 J/cm^2 时）和脉冲宽度（τ_p =1.0ms）时，1064nm 增透熔石英窗口损伤温度随轴向位置和时间的变化关系。轴向位置 z 为 1064nm 增透熔石英窗口上表面到底面的距离。

由图 3.10 所示的仿真结果，并根据 1064nm 增透熔石英窗口的熔点特性，可以得到 1064nm 增透熔石英窗口在时间 t=1.0ms 时熔融区的深度 $z \approx 3.2$mm。

对应特征轴向温度和特征时刻作二维投影，给出单脉冲固定能量密度 I=3.18×10^3 J/cm^2 时和脉冲宽度 τ_p =1.0ms 时，1064nm 增透熔石英窗口特征轴向位置温度随时间的变化关系如图 3.11 所示；特征时刻 1064nm 增透熔石英窗口温度随轴向位置的变化关系如图 3.12 所示。

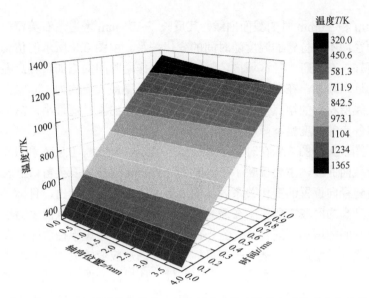

图 3.10　1064nm 增透熔石英窗口损伤温度随轴向位置和时间的变化关系

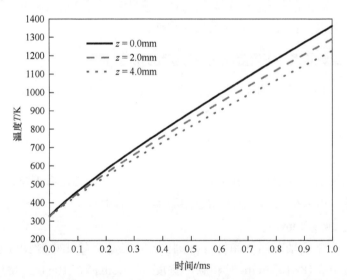

图 3.11　1064nm 增透熔石英窗口特征轴向位置温度随时间的变化关系

图 3.11 是图 3.10 在轴向位置 z=0.0mm、2.0mm、4.0mm 时的截面曲线，它反映了 1064nm 增透熔石英窗口特征轴向位置温度随时间的

变化关系。由图 3.11 可知，随脉冲激光辐照时间的增加，沿轴向上各点的温度值均逐渐增加，但温度值增加的幅度不同，在激光辐照中心点的温度值最高，随 1064nm 增透熔石英窗口深度的增加，温度值逐渐下降，但下降的幅度并不大。

图 3.12 是图 3.10 在时间 t=0.2ms、0.6ms 和 1.0ms 时的截面曲线，其反映了特征时刻 1064nm 增透熔石英窗口温度随轴向位置的变化关系。由图 3.12 可知，随着时间的推移，轴向位置上所有点的温度均上升，只是上升的幅度不同，越靠近 1064nm，增透熔石英窗口表面温度的上升幅度就越大。

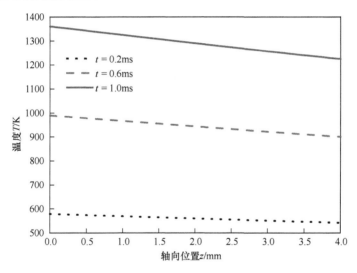

图 3.12　特征时刻 1064nm 增透熔石英窗口温度随轴向位置的变化关系

图 3.13 所示为单脉冲固定脉冲能量密度 I=3.18×10^3 J/cm^2 时和脉冲宽度 τ_p =1.0ms 时，1064nm 增透熔石英窗口损伤温度的三维分布。

由于作用激光为高斯对称分布，并根据 1064nm 增透熔石英窗口的熔点、气化点等特性，可以得到在该脉冲能量密度和脉冲宽度时，热熔融损伤体积约为 0.40mm^3。此外，由温度三维分布图可知，温升主要集中在激光辐照区，在光斑边缘形成很大的温度梯度。

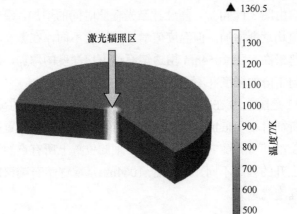

図 3.13 1064nm 増透熔石英窗口損傷温度的三維分布図

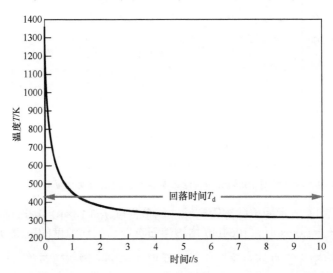

図 3.14 単脈冲条件下 1064nm 増透熔石英窗口上表面作用中心点温度随時間的
変化関係

固定能量密度 $I=3.1831\times10^3$ J/cm^2 時和脈冲宽度 τ_p =1.0ms 時,

1064nm 增透熔石英窗口上表面作用中心点温度随时间的变化关系如图 3.14 所示。当激光作用结束后，回落时间 T_d 截止到 1s 时所对应的目标中心点温度约为 452.60K。据此可以对接下来的脉冲串激光作用于目标后的损伤效果进行简单预判，即目标回归到初始温度所需要的回落时间 T_d 应远远大于最短的脉冲时间间隔（最高频率时的脉冲时间间隔），此时在下一个脉冲来临时 1064nm 增透熔石英窗口温度未回落到初始温度，即下一个脉冲对 1064nm 增透熔石英窗口的损伤作用将与前一个脉冲的作用效果进行叠加。因此，可以判断脉冲串激光作用下的目标损伤效果会逐渐加强。

3.1.5 脉冲串条件下中心点温度随时间的变化

图 3.15 所示为激光能量密度保持不变时（$I=3.18\times10^3\ \text{J/cm}^2$），脉冲串特征频率条件下 1064nm 增透熔石英窗口上表面中心点温度随时间的变化关系。由图 3.15 可知，在激光辐照期间，中心点的温度急剧上升，在脉冲停止作用的脉冲间隔内，由于没有热源及能量的聚集，1064nm 增透熔石英窗口处于冷却阶段，因此目标中心点温度缓慢下降，周而复始，目标中心点的温升曲线在激光作用时间内呈现锯齿形状。

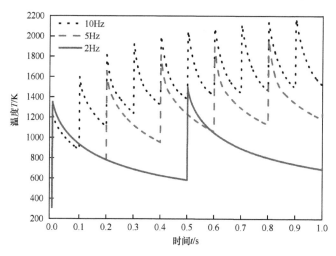

图 3.15 脉冲串特征频率条件下 1064nm 增透熔石英窗口上表面中心点温度随时间的变化关系

3.1.6　脉冲串条件下上表面温度随径向位置和时间的变化

图 3.16 所示为激光重复频率固定为 10Hz 和激光能量密度为 $3.18×10^3\,\mathrm{J/cm^2}$ 时，脉冲串条件下 1064nm 增透熔石英窗口上表面特征径向位置温度随时间的变化关系。由图 3.16 可知，当第二个脉冲作用于目标表面后，1064nm 增透熔石英窗口上表面中心点的温度值约为1763K，第三个脉冲作用于目标表面后，1064nm 增透熔石英窗口上表面中心点的温度值达到了 1972K，均超过了膜层材料及熔石英基底的熔点。因此，可以判定，脉冲串激光作用于目标表面后，将会产生一定的累积效应，其效果使 1064nm 增透熔石英窗口的损伤程度加剧。

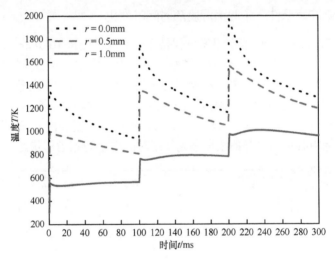

图 3.16　脉冲串条件下 1064nm 增透熔石英窗口上表面特征径向位置温度随时间
的变化关系

图 3.17 所示为固定激光能量密度和脉冲宽度时，重复频率为 10Hz的脉冲串激光，在前 3 个脉冲激光作用结束后，脉冲串条件下 1064nm增透熔石英窗口上表面温度随径向的变化关系。由图 3.17 中曲线可知，激光辐照时间越长、温度越高，产生的温度梯度越大。相比于单脉冲激光作用的结果可以发现，温升集中区域有所扩大，不再局限在激光辐照区，而是向外有所延伸。当 $t=201\mathrm{ms}$ 时（第二个脉冲作用结束），热熔融区域的半径已经由单脉冲作用时的 0.2mm 增至 0.7mm，热损伤

面积增至 1.54mm²（单脉冲作用时的热损伤面积为 0.13mm²）。当激光辐照结束时形成的温度梯度最大，由此可知，在薄膜和基底中产生的热应变比较大，进而产生较大的热应力。

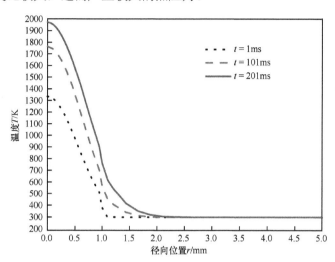

图 3.17　脉冲串条件下 1064nm 增透熔石英窗口上表面温度随径向位置的变化关系

3.1.7　脉冲串条件下温度随轴向位置和时间的变化

图 3.18 所示为激光能量密度和脉冲宽度不变，重复频率为 10Hz 的脉冲串激光作用于 1064nm 增透熔石英窗口后，在轴向特征位置处（$z=0.0mm$、$z=2.0mm$、$z=4.0mm$）脉冲串条件下 1064nm 增透熔石英窗口特征轴向位置温度随时间的变化关系。由图 3.18 可知，1064nm 增透熔石英窗口上表面的温度最大值要高于后表面的温度最大值，且随脉冲个数的增加，轴向不同位置处的温度最大值依次升高，即在轴线方向上存在一定的温度累积效应。

图 3.19 所示为相同激光参数时，在前 3 个激光脉冲作用结束后，脉冲条件下特征时刻 1064nm 增透熔石英窗口轴向温度分布情况。由图 3.19 可知，随激光脉冲个数的增加，轴向位置上所有点的温度均上升，这与单脉冲作用时的结果是一致的。1064nm 增透熔石英窗口在 $t=101ms$、$t=201ms$ 时，其热熔融区的深度已经由单脉冲作用时的 $z=3.2mm$ 增加至 $z=4.0mm$，热熔融区已经由上表面至下表面贯穿整个目

59

标。

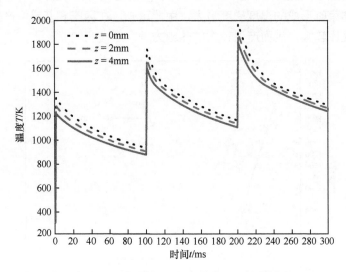

图 3.18　脉冲串条件下 1064nm 增透熔石英窗口特征轴向位置温度随时间的变化关系

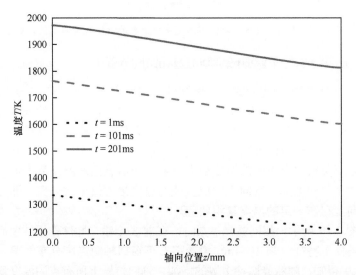

图 3.19　脉冲串条件下特征时刻 1064nm 增透熔石英窗口温度随轴向位置的变化关系

　　由图 3.20 可知，相比于单脉冲作用后的结果，脉冲串激光作用于目标表面后，1064nm 增透熔石英窗口的热损伤区域有所增加。当最后一个脉冲作用结束后，其热熔融区域半径已经增至 0.7mm 左右（单脉冲作用时的热熔融半径为 0.2mm）。可见，相比于单脉冲激光，脉冲串激光将会产生一定的温度累积效应，其效果是使得目标的损伤面积和深度增加。由于作用激光为高斯对称分布，并根据 1064nm 增透熔石英窗口的熔点、气化点等特性，可以得到脉冲宽度 τ_p=1ms，激光能量密度 I=3.18×10^3 J/cm^2，重复频率 f=10Hz 的脉冲串激光，3 个脉冲作用截止时，其热熔融损伤体积约为 6.16mm^3。

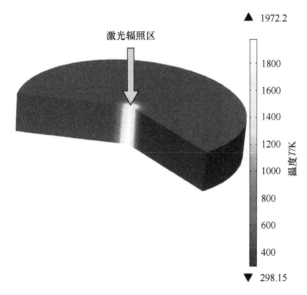

图 3.20 脉冲串条件下 1064nm 增透熔石英窗口损伤温度的三维分布图

3.2 热致应力仿真

3.2.1 热致应力仿真模型的建立

在轴对称坐标系下，与热传导方程相耦合的热弹性平衡微分方程为

$$\nabla^2 u_{ri} - \frac{u_{ri}}{r^2} + \frac{1}{1-2\mu_i}\frac{\partial \varepsilon_i}{\partial r} - \frac{2(1+\mu_i)}{1-2\mu_i}\beta_i\frac{\partial T_i}{\partial r} = 0 \qquad (3.6)$$

$$\nabla^2 u_{zi} + \frac{1}{1-2\mu_i}\frac{\partial \varepsilon_i}{\partial z} - \frac{2(1+\mu_i)}{1-2\mu_i}\beta_i\frac{\partial T_i}{\partial z} = 0 \qquad (3.7)$$

式中：u_{ri} 和 u_{zi} 分别为在模型第 i 层中 r 和 z 方向上的位移分量；μ_i 为泊松比；ε_i 为体积应变，表达式为

$$\varepsilon_i = \frac{\partial u_{ri}}{\partial r} + \frac{u_{ri}}{r} + \frac{\partial u_{zi}}{\partial z} \qquad (3.8)$$

β_i 为目标热应力系数，表达式为

$$\beta_i = \frac{E_i\alpha_i}{1-2\mu_i} \qquad (3.9)$$

式中：E_i 为杨氏模量；α_i 为热膨胀系数。

初始条件假设初始时刻位移为 0、速度为 0，即

$$u_{ri}\big|_{t=0} = 0 , \quad u_{zi}\big|_{t=0} = 0 , \quad \frac{\partial u_{ri}}{\partial t}\bigg|_{t=0} = 0 , \quad \frac{\partial u_{zi}}{\partial t}\bigg|_{t=0} = 0 \qquad (3.10)$$

由于增透熔石英的边缘是被固定住的，因此采用固定边界条件即

$$u_{ri}\big|_{r=a} = 0 , \quad u_{\theta i}\big|_{r=a} = 0 , \quad u_{zi}\big|_{r=a} = 0 \qquad (3.11)$$

认为目标的上、下表面未被任何表面外力束缚，所以采用自由边界条件，即

$$\overline{X}\big|_{z=0,z=h} = 0 , \quad \overline{Y}\big|_{z=0,z=h} = 0 , \quad \overline{Z}\big|_{z=0,z=h} = 0 \qquad (3.12)$$

由几何方程建立位移分量与应变分量之间的关系，有

$$\varepsilon_{ri} = \frac{\partial u_{ri}}{\partial r} , \quad \varepsilon_{\theta i} = \frac{u_{ri}}{r} , \quad \varepsilon_z = \frac{\partial u_{zi}}{\partial z} , \quad \gamma_{zi} = \frac{\partial u_{zi}}{\partial r} + \frac{\partial u_{ri}}{\partial z} \qquad (3.13)$$

由广义胡克定律可得应力分量用应变分量表示形式，即

$$\begin{cases} \sigma_{ri} = \dfrac{E_i}{(1+\mu_i)(1-2\mu_i)}[(1-\mu_i)\varepsilon_{ri} + \mu_i(\varepsilon_{\theta i}+\varepsilon_{zi})] - \dfrac{E_i a_i t}{1-2\mu_i} \\[3mm] \sigma_{\theta i} = \dfrac{E_i}{(1+\mu_i)(1-2\mu_i)}[(1-\mu_i)\varepsilon_{\theta i} + \mu_i(\varepsilon_{ri}+\varepsilon_{zi})] - \dfrac{E_i a_i t}{1-2\mu_i} \\[3mm] \sigma_{zi} = \dfrac{E_i}{(1+\mu_i)(1-2\mu_i)}[(1-\mu_i)\varepsilon_{zi} + \mu_i(\varepsilon_{\theta i}+\varepsilon_{ri})] - \dfrac{E_i a_i t}{1-2\mu_i} \\[3mm] \tau_{rzi} = \tau_{zri} = \dfrac{E_i}{2(1+\mu_i)}\gamma_{zri} \end{cases} \qquad (3.14)$$

3.2.2 单脉冲条件下上表面径向/环向应力随径向位置的变化

图 3.21 所示为固定脉冲能量密度 I=3.18×10³ J/cm² 时和脉冲宽度 τ_p =1.0ms 时,特征时刻 1064nm 增透熔石英窗口上表面径向/环向应力随径向位置的变化关系。径向位置 r 为 1064nm 增透熔石英窗口中心点到边缘的距离。

由图 3.21 可知,在薄膜中心处,径向应力表现为拉应力,且拉应力达到最大,随激光辐照时间的增加,拉应力逐渐增加;在半径方向上,拉应力逐渐减小,并逐渐转化为压应力。同时发现,在光斑半径边缘附近压应力达到了最大值。据此可以判断,薄膜发生热应力损伤时,首先应该从薄膜中心或光斑半径边缘附近处开始。

同时可以看到,在薄膜中心处,环向应力为拉应力,随激光辐照时间的增加,拉应力逐渐增大。在半径方向上,拉应力先是逐渐增加,并在光斑半径边缘附近达到最大,然后逐渐减小并最终趋向于零。

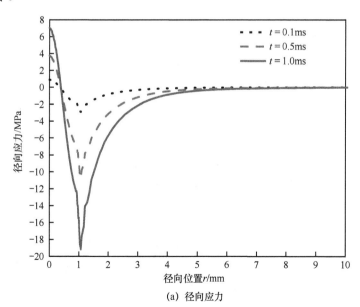

(a) 径向应力

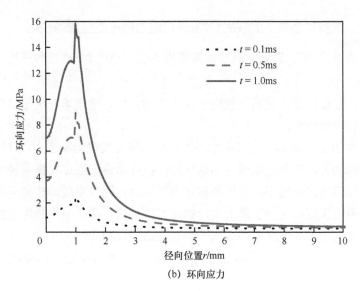

（b）环向应力

图 3.21　特征时刻 1064nm 增透熔石英窗口上表面径向/环向应力随径向位置的变化关系

根据图 3.21 所示仿真结果，由于作用激光为高斯对称分布，并根据 1064nm 增透熔石英窗口的应力特性，可以得到 1064nm 增透熔石英窗口在 t=1ms 时超过应力屈服强度区域对应的径向半径 $r≈1.0$mm，从而估算出激光作用后 1064nm 增透熔石英窗口应力损伤面积约为 3.14mm^2。

3.2.3　单脉冲条件下径向/轴向应力随轴向位置的变化

图 3.22 所示为固定脉冲能量密度 I=3.18×10^3 J/cm^2 时和脉冲宽度 τ_p =1.0ms 时，特征时刻 1064nm 增透熔石英窗口径向/轴向应力随轴向位置的变化关系。轴向位置 z 为 1064nm 增透熔石英窗口上表面到底面的距离。

由图 3.22（a）可知，在薄膜表面中心处，径向应力表现为拉应力，随激光辐照时间的增加，拉应力逐渐增大。在厚度方向上（z 方向）拉应力逐渐减小并逐渐转化为压应力，压应力在厚度方向上先逐渐增大，并在 z=1mm 附近处达到最大值，然后趋缓逐渐降低，在距后表面 0.5mm 附近处迅速减小并逐渐转化为拉应力, 拉应力在 1064nm 增透熔石英窗口后表面中心位置达到最大值。

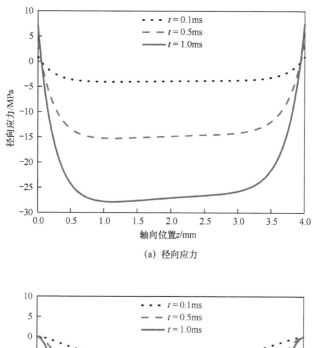

(a) 径向应力

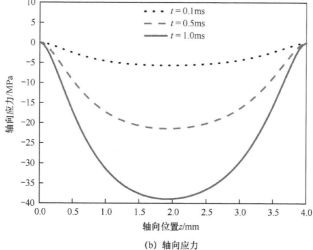

(b) 轴向应力

图 3.22 特征时刻 1064nm 增透熔石英窗口径向/轴向应力随轴向位置的变化关系

同时可以看出, 在厚度方向上, 轴向应力始终表现为压应力, 且随激光辐照时间的增加压应力逐渐增大。轴向应力沿轴向位置首先逐渐增大，并在轴向中心位置处达到最大；然后逐渐减小，并在后表面中心位置处减小为零。

由图 3.22 所示的仿真结果知，由于作用激光为高斯对称分布，同时根据 1064nm 增透熔石英窗口的应力特性，可以得到 1064nm 增透熔石英窗口在 t=1.0ms 时超过环向应力屈服强度区域对应的轴向深度 $z \approx 4$mm。

图 3.23 分别为单脉冲条件下固定脉冲能量密度 I=3.18×10³ J/cm² 时和脉冲宽度 τ_p=1ms 时，1064nm 增透熔石英窗口径向、环向和轴向应

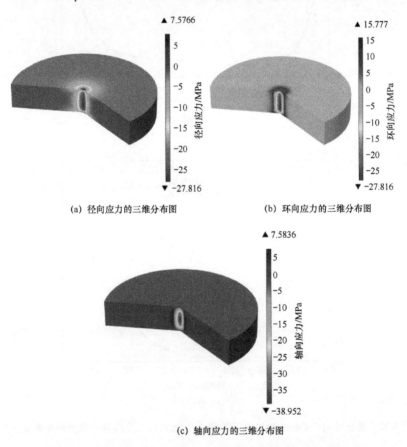

(a) 径向应力的三维分布图　　　　　(b) 环向应力的三维分布图

(c) 轴向应力的三维分布图

图 3.23　单脉冲条件下 1064nm 增透熔石英窗口应力的三维分布

力的三维分布。由于作用激光为高斯对称分布，并根据 1064nm 增透熔石英窗口应力屈服强度等特性，可以得到固定能量密度 I=3.18×10³ J/cm² 时和脉冲宽度 τ_p =1.0ms 时，应力损伤体积约为 12.57mm³。

3.2.4 脉冲串条件下上表面径向/环向应力随径向位置的变化

图 3.24 所示为脉冲串条件下特征时刻 1064nm 增透熔石英窗口上表面径向/环向应力随径向位置的变化关系，在薄膜中心处，径向应力表现为拉应力，且拉应力达到最大，随脉冲个数的增加，拉应力逐渐增加；在半径方向上，拉应力逐渐减小，并逐渐转化为压应力。同时发现，在光斑半径边缘附近压应力达到最大值。据此可以判断，薄膜发生热应力损伤是从薄膜中心或光斑半径边缘附近处开始。

同时可以看到，在薄膜中心处，环向应力为拉应力，随脉冲个数的增加，拉应力逐渐增大。在半径方向上，拉应力首先逐渐增加，并在光斑半径边缘附近达到最大；然后逐渐减小并最终趋向于零。

由于作用激光为高斯对称分布，并根据 1064nm 增透熔石英窗口的应力特性，可以得到 1064nm 增透熔石英窗口在 t=201ms 时（第二个脉冲作用结束）超过应力屈服强度区域对应的径向半径 $r\approx$ 1.5mm，从而计算出激光作用后 1064nm 增透熔石英窗口损伤面积约为 7.07mm²。

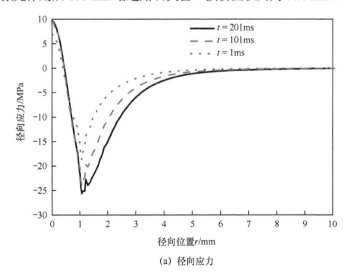

(a) 径向应力

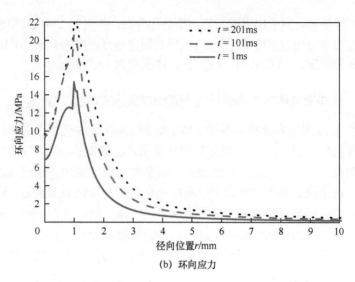

（b）环向应力

图 3.24　脉冲串条件下特征时刻 1064nm 增透熔石英窗口上表面径向/环向应力随
径向位置的变化关系

3.2.5　脉冲串条件下径向/轴向应力随轴向位置的变化

图 3.25 所示为脉冲串条件下，特征时刻 1064nm 增透熔石英窗口
径向/轴向应力随轴向位置的变化关系，在薄膜表面中心处，径向应力
表现为拉应力，随脉冲个数的增加，拉应力逐渐增大。在厚度方向上
（z 方向）拉应力逐渐减小并逐渐转化为压应力，压应力在厚度方向上
先逐渐增大，并在 $z=1$mm 附近处达到最大值，然后趋缓且逐渐降低，
在距后表面 0.5mm 附近处迅速减小并逐渐转化为拉应力，拉应力在
1064nm 增透熔石英窗口后表面中心位置达到最大值。

同时可以看出，在厚度方向上，轴向应力始终表现为压应力，且
随脉冲个数的增加，压应力逐渐增大。轴向应力沿轴向位置先逐渐增
大，并在轴向中心位置处达到最大，然后逐渐减小，并在后表面中心
位置处减小为零。

由于作用激光为高斯对称分布，同时根据 1064nm 增透熔石英窗
口的应力特性，可以得到 1064nm 增透熔石英窗口在 $t=201$ms 时超过
环向应力屈服强度区域对应的轴向深度 $z \approx 4$mm。

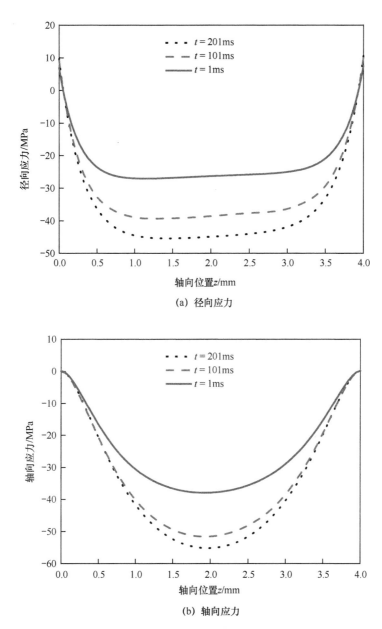

(a) 径向应力

(b) 轴向应力

图 3.25　脉冲串条件下特征时刻 1064nm 增透熔石英窗口径向/轴向应力随轴向位置的变化关系

图 3.26 所示分别为 τ_p=1ms、I=3.18×10³ J/cm²、f=10Hz，3 个脉冲过程中达到最大应力时，1064nm 增透熔石英窗口径向、环向和轴向应力的三维分布。由于作用激光为高斯对称分布，并根据 1064nm 增透熔石英窗口应力屈服强度等特性，可以得到脉冲串条件下，应力损伤体积约为 8.04mm³（该体积指的是熔融等损伤区之外边缘的损伤区域）。

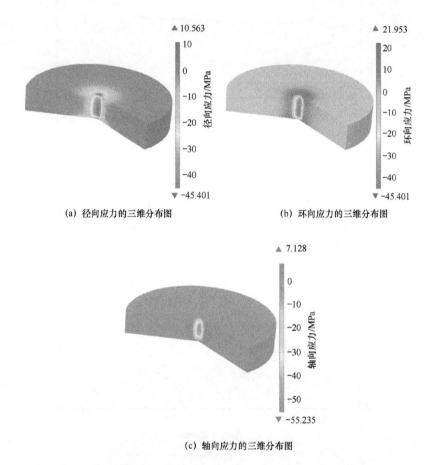

(a) 径向应力的三维分布图　　　　　(b) 环向应力的三维分布图

(c) 轴向应力的三维分布图

图 3.26　脉冲串条件下 1064nm 增透熔石英窗口应力的三维分布

3.3 燃烧波扩展仿真

3.3.1 激光支持燃烧波仿真模型的建立

图 3.27 所示为激光支持燃烧波的传播过程示意图,初始的等离子体在目标表面附近产生,然后等离子体区域在激光作用下逆着光束方向向光源传播,光源波长为 1064nm。传播空间介质选择为空气,计算区域是一个矩形,轴向长度 $L = 150$mm,径向长度 $R = 100$mm。

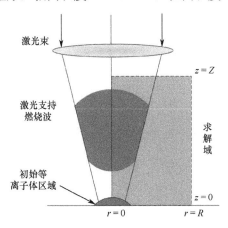

图 3.27 激光支持燃烧波的传播过程示意图

建立二维轴对称模型,模型中主要考虑了由逆韧致辐射、热辐射、热传导和对流引起的激光能量吸收和损失过程,数值模拟所用到的聚焦激光束参数见表 3.2,所涉及的主要物理参数随温度 T 变化的表达式列于表 3.3 中。

表 3.2 聚焦激光束参数

参数名称	取值
激光能量/J	100
下边界上的光束半径/mm	1.5
上边界上的光束半径/mm	10

表 3.3　主要物理参数

参数	表达式
密度 ρ/（kg/m³）	$3.49/T \times 10^{-3}$
比热容 c_p/（J/（kg·K））	$1047.27 + 9.45 \times 10^{-4} \times T^2 - 6.02 \times 10^{-7} \times T^3 + 1.29 \times 10^{-10} \times T^4$
黏性系数 η/Pa s	$-8.38 \times 10^{-7} + 8.36 \times 10^{-8} \times T - 7.69 \times 10^{-11} \times T^2 + 4.64 \times 10^{-14} \times T^3 - 1.07 \times 10^{-17} \times T^4$
热导率 λ/（W/（m·K））	$-0.002 + 1.15 \times 10^{-4} \times T - 7.9 \times 10^{-8} \times T^2 + 4.12 \times 10^{-11} \times T^3 - 7.44 \times 10^{-15} \times T^4$

考虑燃烧波在位于目标表面附近的自由空间内传播，建模过程中认为目标是固定不动、热绝缘和热平衡的。因此，沿着下边界（$z = 0, 0 < r < R$），有

$$u = 0 , \quad v = 0 , \quad p = 0 , \quad \frac{\partial T}{\partial z} = 0 , \quad \frac{\partial U_m}{\partial z} = 0 \tag{3.15}$$

式中：$m = 1, 2, \cdots, N$。

沿着圆柱的外曲面边界（$0 < z < Z, r = R$），有

$$u = 0 , \quad p = 0 , \quad \frac{\partial T}{\partial r} = 0 , \quad U_m = U_{\mathrm{eq},m} \tag{3.16}$$

沿着上边界（$z = Z, 0 < r < R$），有

$$v = 0 , \quad p = 0 , \quad \frac{\partial T}{\partial z} = 0 , \quad U_m = U_{\mathrm{eq},m} \tag{3.17}$$

在对称轴 Z 上（$0 < z < Z, r = 0$），有

$$\frac{\partial u}{\partial r} = 0 , \quad v = 0 , \quad \frac{\partial p}{\partial r} = 0 , \quad \frac{\partial T}{\partial r} = 0 , \quad \frac{\partial U_m}{\partial r} = 0 \tag{3.18}$$

3.3.2　激光支持燃烧波扩展理论分析

图 3.28 和图 3.29 所示分别为聚焦激光束作用下 1.0ms 和 1.8ms 时刻燃烧波的温度分布。燃烧波在聚焦激光束作用下传播的过程中，等离子体前端的激光光强逐渐降低，光束半径逐渐变大。激光参数的这种变化对燃烧波动力学行为的影响表现为：传播速度逐渐减慢、燃烧波前端等离子体区域的宽度逐渐增加、等离子体的温度逐渐降低、等离子体的长度逐渐减小。由此可见，在聚焦激光束作用下，燃烧波呈现非稳态传播。对比图 3.28 和图 3.29 可以发现，随着激光作用时间

的增加，燃烧波的气体动力学结构发生了明显变化，在图 3.29 中燃烧波出现了类似于"蘑菇云"的形态，并出现湍流现象。

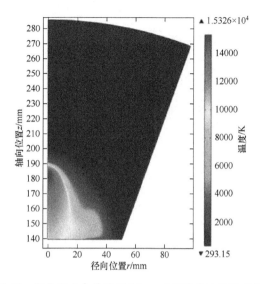

图 3.28　聚焦激光束作用下 1.0ms 时刻燃烧波的温度分布

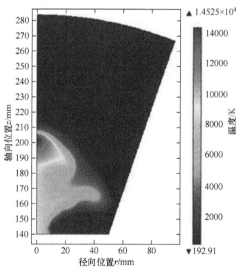

图 3.29　聚焦激光束作用下 1.8ms 时刻燃烧波的温度分布

图 3.30 和图 3.31 所示分别为聚焦激光束作用下 1.0ms 和 1.8ms 时刻激光支持燃烧波的流体速度场幅值分布。对比两者可以发现，随着作用时间的增加,激光支持燃烧波内的流体速度场已出现明显变化,

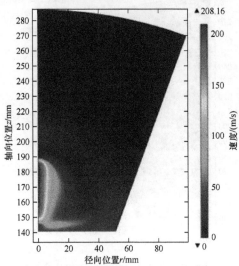

图 3.30　1ms 时刻激光支持燃烧波的流体速度场幅值分布

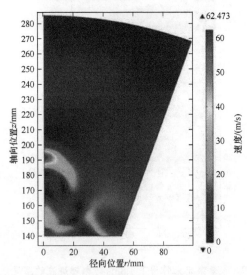

图 3.31　1.8ms 时刻激光支持燃烧波的流体速度场幅值分布

主要表现为：燃烧波中的流体运动主要在靠近波前附近的区域内，且通过1.8ms时刻的流体速度场分布可以明显看出，其在靠近目标的下部分空间的流体速度逐渐变小，并最终趋于零。这一现象说明，燃烧波的波前气流运动逐渐从最开始的以轴向运动为主，逐渐转化为以径向运动为主，且气流幅值以极高的速度下降。

3.3.3 燃烧波的能量平衡过程与传播机制理论分析

对激光支持燃烧波过程的能量平衡和传播机制进行分析时主要考虑以下几个参量：$Q_L = \mu J$、$Q_R = \sum_{m=1}^{N_m} c \chi_m \left(U_m - U_{eq,m} \right)$、$Q_{CD} = \nabla \cdot \left(\lambda \nabla T \right)$ 和 $Q_{CV} = -\rho \mathbf{V} \cdot c_p \nabla T$，其物理含义分别代表逆韧致辐射、热辐射、热传导和对流过程引起的空间能量密度变化率。当其为正值时，意味着空间能量密度的增加；反之亦然。对上述几个物理量在空间中的分布进行分析，就能够清楚其在燃烧波传播中所起的作用。

在燃烧波传播中，体内等离子体在热辐射、热传导和对流过程中造成的能量损失主要依靠逆韧致辐射吸收光能来获得补偿。图3.32～图3.35所示分别为逆韧致辐射、热辐射、热传导和对流过程引起的空间能量密度变化速率在对称轴（$r=0$）上的分布，同时在图3.32～图3.35中还用温度曲线标示了燃烧波所处的空间位置。

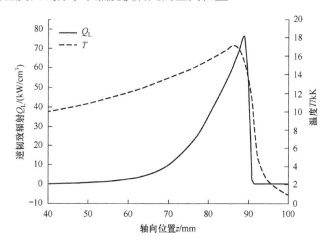

图3.32　逆韧致辐射引起的空间能量密度变化速率在对称轴（$r=0$）上的分布

通过对图 3.32 进行分析可知，等离子体通过逆韧致辐射过程吸收的激光能量大部分位于等离子体核（温度曲线在 1000K 内部）区域的前部，此现象主要表明在逆韧致辐射过程中等离子体的吸收系数很大，对入射激光形成了很强的吸收。

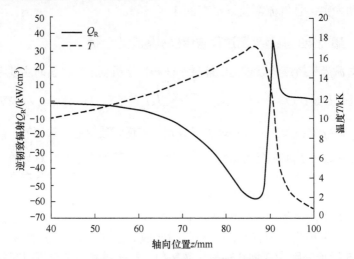

图 3.33　热辐射引起的空间能量密度变化速率在对称轴（$r=0$）上的分布

通过对图 3.33 进行分析可知，等离子体在热辐射过程中造成的能量转移或损失主要集中在等离子体核区域内部，在燃烧波波前位置存在一定的吸收。此外，还可以发现，由热辐射导致的空间能量密度变化速率分布与温度分布在分布形态和所处空间位置上是类似的。热辐射过程对激光能量存在的一部分吸收且主要集中在燃烧波波前位置，主要是波前前方冷空气对波前后方等离子体热辐射的吸收，吸收区域相比于能量损失区域要窄得多。

通过对图 3.34 进行分析可知，热传导引起的空间能量密度变化主要体现为在波前附近存在很陡的损失峰和吸收峰，且与热辐射过程的能量损失和吸收相比要明显窄很多，幅值也有所下降。通过图中曲线可以明显看到，在 $z=90mm$ 的损失区域热传导引起的空间能量密度变化存在很剧烈的抖动，分析其原因主要是因为导热系数随温度发生变化导致的。

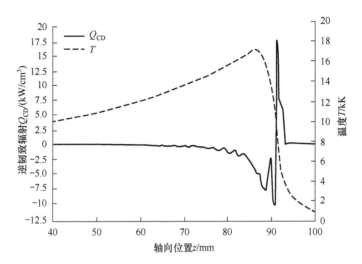

图 3.34 热传导引起的空间能量密度变化速率在对称轴（$r=0$）上的分布

通过对图 3.35 进行分析可知，对流引起的空间能量密度变化在燃烧波波前附近出现很强的损失，说明该处空气由于受热而发生剧烈膨胀，损失区主要分布在温度线 4～18kK 之间，在等离子体区内部只有很小的能量吸收存在且分布于波前后方的一个狭长区域内，这说明燃烧波波前后方的反向气流将一部分等离子体核中的热量移走。

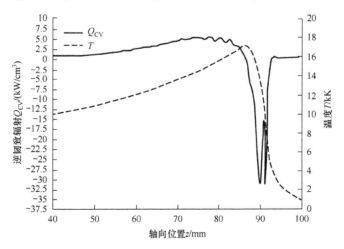

图 3.35 对流过程引起的空间能量密度变化速率在对称轴（$r=0$）上的分布

表 3.4 所列为逆韧致辐射、热辐射、热传导和对流过程引起的空间能量密度损失/吸收速率的体积分结果，体积分区域选择在 $r \leqslant 10mm$、$40mm \leqslant z \leqslant 100mm$ 的等离子体核范围内。通过对上述 4 个过程进行体积分计算，可以更直观地了解能量平衡过程在燃烧波传播中所起的作用。

表 3.4　空间能量密度损失和吸收速率的体积分结果

能量交换参数	能量损失体积分/（J/s）	能量吸收体积分/（J/s）
逆韧致辐射 Q_L	—	3.26×10^4
热辐射 Q_R	-3.52×10^4	1.76×10^4
热传导 Q_{CD}	-3.89×10^3	2.55×10^3
对流 Q_{CV}	-1.01×10^3	7.04×10^3

从表 3.4 所列结果可以看出，激光支持燃烧波传播过程中，主要通过逆韧致辐射过程吸收能量，能量的损失则主要由热辐射过程导致。在燃烧波波前区域由热传导和对流引起的能量吸收要远远小于由热辐射引起的。

激光支持燃烧波传播过程中，燃烧波前方的冷空气吸收能量，温度达到初始温度后（几千 K），通过逆韧致辐射吸收入射激光能量，因此波前前方冷空气的预加热过程对其传输起到非常关键的作用。需要指出的是，气体动力学过程会使波前前方的冷空气排开，只有很小一部分能够进入等离子体核，因此该过程对燃烧波的传播起到积极的推动作用。

3.4　小　结

本章基于第 2 章所建立的激光诱导 1064nm 增透熔石英窗口温升模型、热致应力应变模型和燃烧波扩展模型，对经激光作用后目标内部的瞬态温度场和热应力场分布情况进行了数值仿真分析。同时，针对激光对熔石英材料产生致燃损伤过程中存在的激光支持燃烧波，模拟研究了包含逆韧致辐射、热辐射、热传导和对流过程在内的激光能量传输过程。通过数值仿真分析得到以下规律。

（1）温升仿真方面。针对毫秒脉冲激光垂直作用于 1064nm 增透熔石英窗口表面，考虑目标对激光能量的吸收为体吸收，建立二维轴对称结构的温升仿真模型。分析了 1064nm 增透熔石英窗口的不同位置、不同时刻的温度随入射激光能量密度和脉冲宽度的变化关系。研究表明，单脉冲条件下，当脉冲宽度一定时激光能量密度越高，目标表面温度越高，当能量密度一定时，随着激光脉冲宽度的增加，会使目标表面中心点上的温度下降；随入射激光脉冲宽度的增加，1064nm增透熔石英窗口的热损伤阈值逐渐变大；由于激光的空间分布是高斯型，因此目标上表面的径向温度分布曲线也呈现高斯的分布特点，温升主要集中在激光辐照区，在光斑边缘形成很大的温度梯度。脉冲串条件下，在激光辐照期间，目标中心点的温度急剧上升，在脉冲停止作用的脉冲间隔内，由于没有热源及能量的聚集，1064nm 增透熔石英窗口处于冷却阶段，因此目标中心点温度缓慢下降，周而复始，目标中心点的温升曲线在激光作用时间内呈现锯齿状上升。与单脉冲激光作用的结果相比，温升集中区域有所扩大，不再局限于激光辐照区，而是向外有所延伸。因此，可以判断，脉冲串激光作用于目标表面后，将会产生一定的累积效应，其效果使 1064nm 增透熔石英窗口的损伤程度加剧。

（2）热应力仿真方面。在二维轴对称坐标系下，建立与热传导方程相耦合的热弹性平衡微分方程。分析了 1064nm 增透熔石英窗口的不同位置、不同时刻应力张量的径向、环向、轴向分量随入射激光能量密度和脉冲宽度的变化关系。研究表明，单脉冲条件下，在薄膜中心处，径向应力和环向应力均表现为拉应力，且拉应力达到最大值，随激光辐照时间的增加，拉应力逐渐增加；在半径 r 和厚度 z 方向上，拉应力逐渐减小并逐渐转化为压应力。同时发现，径向应力在激光作用中心以及光斑半径边缘附近达到最大值，环向应力在后表面中心位置达到最大值，据此可以判断，1064nm 增透熔石英窗口发生热应力损伤是从激光作用中心或光斑半径边缘附近处开始，同时还会出现后表面发生损伤的情况。脉冲串激光作用条件下，1064nm 增透熔石英窗口的热应力损伤规律与单脉冲时的类似，但其损伤程度会加剧。由于激光作用结束时在目标内部形成的温度梯度最大，由此可知，在薄膜和基底中产生的热应变比较大，进而产生较大的热应力，因此研究1064nm增透熔石英窗口是否发生了损伤，主要依据激光辐照结束时产生的热应力是否超过了表面膜层和基底的拉伸强度和压缩强度。

（3）燃烧波仿真方面。通过建立二维轴对称气体动力学模型，根据激光致1064nm增透熔石英窗口产生温升和熔融过程、目标气化和部分离化过程，采用多物理场耦合的手段，分阶段对激光支持燃烧波的过程进行了仿真研究。研究结果表明，在聚焦激光束作用下燃烧波传播的过程中，等离子体前端的激光光强逐渐降低，光束半径逐渐变大。激光参数的这种变化对燃烧波动力学行为的影响表现为传播速度逐渐减慢、燃烧波前端等离子体区域的宽度逐渐增加、等离子体的温度逐渐降低、等离子体的长度逐渐减小，也就是说，在聚焦激光束作用下，燃烧波的传播是非稳态的。通过对不同时间条件下燃烧波的气体动力学结构进行分析可以发现，燃烧波在传播过程中，逐渐出现了类似于"蘑菇云"的形态，并出现湍流现象。

此外，通过对1064nm增透熔石英窗口致燃损伤过程中燃烧波的能量平衡及传播机制进行分析可知，在激光能量维持燃烧波传播过程中，体内等离子体在热辐射、热传导和对流过程中造成的能量损失主要依靠逆韧致辐射吸收光能来获得补偿。燃烧波前方的冷空气吸收能量，温度达到初始温度后通过韧致辐射吸收入射激光能量，因此波前前方冷空气的预加热过程对其传输起到非常关键的作用。另外，由于空气对激光辐射的逆韧致辐射吸收需要一个很高的初始温度（几千K），所以1064nm增透熔石英窗口表面及内部是否存在引起强吸收的缺陷或杂质以及对燃烧波是否会产生，起到决定性作用。

第4章 激光诱导1064nm增透熔石英窗口损伤实验

本章采用在线测试和离线测试相结合的实验手段,对长脉冲激光诱导熔石英窗口损伤过程中涉及的温度变化情况、应力实时变化情况、等离子体演化过程进行了在线测试和分析;同时,对经激光作用后,目标内部的残余应力分布、目标的损伤形貌情况进行了离线测量和分析。结合第2章和第3章中的相关理论和仿真研究结果,对毫秒脉冲激光诱导1064nm增透熔石英窗口损伤的物理内涵和物理规律进行了研究和分析。

4.1 在线系统测试1064nm增透熔石英窗口损伤演化过程

4.1.1 温度在线演化过程

1. 实验装置

激光诱导1064nm增透熔石英窗口损伤的温度测试原理如图 4.1 所示,测试系统主要由 Melar-100 型 Nd:YAG 激光器(输出波长为1064nm、输出能量为 10～100J 可调、脉冲宽度为 0.5～3.0ms 可调、重复频率为 10Hz)、分光镜、聚焦透镜(焦距为 300mm)、五维平移台、能量计和点温仪构成。入射激光经分光镜后,一部分激光经反射进入能量监测部分,通过分光比可计算出实际输出能量的大小;另一部分激光经聚焦透镜后作用于 1064nm 增透熔石英窗口表面。实验中采用 KBU 1600-USB 型点温仪对激光辐照目标中心点的温度进行测量，点温仪的测温范围是 400~3500℃。

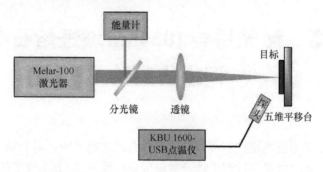

图 4.1　激光诱导1064nm增透熔石英窗口损伤的温度测试原理

2. 实验结果与分析

当激光脉冲宽度为 1.0ms、能量密度分别为 3.18×10^3 J/cm^2 和 2.23×10^3 J/cm^2 时，利用点温仪测量 1064nm 增透熔石英窗口激光辐照中心点温度随时间的演化关系如图 4.2 所示。

由图 4.2 可以看出，随着入射激光能量密度的增加，1064nm 增透熔石英窗口上表面中心点温度峰值呈上升趋势，在能量密度为 3.18×10^3 J/cm^2 时，实验测得的目标中心点最高温度约为 1344K，仿真模拟结果约为 1360K；在能量密度为 2.23×10^3 J/cm^2 时，实验测得的目标中心点最高温度约为 1064K，仿真数据显示该点最高温度约为 1079K。当温度达到最高点后迅速下降，这一现象说明薄膜受到激光辐照温度上升后，其自身透过率增大，激光沉积减少，导致温度很快降低，温度下降持续时间较长。需要注意的是，实验过程中所选择的激光能量密度范围并不是很高，其所对应的温度最高值均没有超过目标各层材料的熔化温度，这是由于能量过高时，目标的损伤过程会伴随物质的喷溅及等离子体的产生，这些物质会覆盖在目标表面及其周围空间附近，对温度测试带来干扰，造成点温仪无法准确测试目标表面温度的变化，所以实验过程中选取了未使得目标发生熔融损伤所对应的能量密度区间。对比不同能量密度条件下，辐照中心点温度随时间演化的实验测量结果及仿真结果可以发现，两者中心点温度的变化趋势基本是吻合的，实验结果与仿真模拟结果的一致性较好，这也进一步验证了理论模型的正确性。

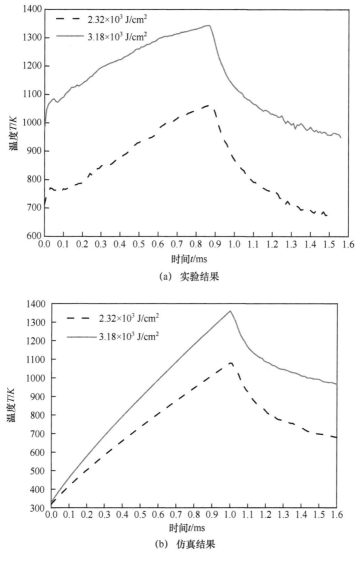

(a) 实验结果

(b) 仿真结果

图 4.2　不同激光能量密度条件下辐照中心点温度随时间的演化关系

4.1.2 应力应变在线演化过程

对于熔石英窗口等透明材料的应力应变测量，传统的方法多为利用偏光应力仪等离线测试设备对目标经激光作用后的残余应力进行测试。这种方法虽能较准确地给出目标内部的残余应力值大小，但是对于目标在激光作用期间的实时应力变化情况却无法进行判定。因此，搭建了针对透明光学元件的在线应力测试平台，对激光诱导 1064nm 增透熔石英窗口损伤过程中的应力实时演化过程进行测试和分析。同样，为了排除气流及等离子体的产生对测试结果的影响，并同时考虑最大程度地保证测试结果的清晰、准确，结合前期仿真研究结果，选择在接近目标损伤阈值的能量密度范围内进行测试。

1. 实验装置与原理

图 4.3 所示为在线测量应力的实验原理，利用高速相机和光学干涉系统，获取目标在激光作用过程中的干涉条纹变化，将干涉条纹的变形转换为目标表面的形变，进而通过应力与应变关系计算得出目标内部的应力值。

该测试系统利用 532nm 连续激光器，经过小孔滤波，一部分光经半透半反镜 1 后被透射，作为参考臂；另一部分光经半透半反镜 1 后被反射，作为测量臂。透射光束经全反镜 2，反射至半透半反镜 2，再由半透半反镜 2 反射；测量臂光束通过待测目标，并经过目标被损伤的区域（需要覆盖整个区域），再经半透半反镜 2 透射。参考臂光束和测量臂光束经聚集透镜后入射到高速相机上，由高速相机接收干涉条纹变化。

将 1064nm 增透熔石英窗口视为各向同性弹性体，根据弹塑性力学原理可知，目标处于弹性状态下，在笛卡儿坐标系中应变主轴与应力主轴重合，所以任意一点的应力和应变两者之间满足的本构方程可以写为

$$\begin{cases} \sigma_x = C_{11}\varepsilon_x + C_{12}\varepsilon_y + C_{13}\varepsilon_z \\ \sigma_y = C_{21}\varepsilon_x + C_{22}\varepsilon_y + C_{23}\varepsilon_z \\ \sigma_z = C_{31}\varepsilon_x + C_{32}\varepsilon_y + C_{33}\varepsilon_z \end{cases} \tag{4.1}$$

式中：σ_x、σ_y、σ_z 分别为 x、y、z 方向上的正应力值；ε_x、ε_y、ε_z 分别为 x、y、z 方向上的正应变值。

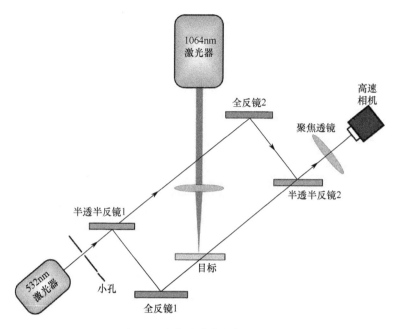

图 4.3　在线测量应力实验原理

根据目标的各向同性性质，显然 ε_x 对 σ_x 的影响应与 ε_y 对 σ_y 的影响和 ε_z 对 σ_z 的影响是相同的，即应有 $C_{11}=C_{22}=C_{33}$。同理，ε_y 和 ε_z 对 σ_x 的影响也应是相同的，即 $C_{12}=C_{13}$。类似地，还应该有 $C_{21}=C_{23}$、$C_{31}=C_{32}$，这些关系可以统一写为

$$\begin{cases} C_{11}=C_{22}=C_{33}=a \\ C_{12}=C_{21}=C_{13}=C_{31}=C_{23}=C_{32}=b \end{cases} \tag{4.2}$$

由式（4.2）可知，在主应变空间中，各向同性弹性体独立的弹性常数只有 a 和 b。

将式（4.2）代入式（4.1），并令 $a-b=2\mu'$、$b=\lambda'$、$\omega=\varepsilon_x+\varepsilon_y+\varepsilon_z$，则可得以下的本构方程形式，即

$$\begin{cases} \sigma_x=\omega\lambda'+2\mu'\varepsilon_x \\ \sigma_y=\omega\lambda'+2\mu'\varepsilon_y \\ \sigma_z=\omega\lambda'+2\mu'\varepsilon_z \end{cases} \tag{4.3}$$

式中：λ'、μ' 为弹性常数。

在任意坐标系里，本构方程的一般形式为

$$\begin{cases} \sigma_x = \omega\lambda' + 2\mu'\varepsilon_x, \tau_{xy} = \mu'\gamma_{xy} \\ \sigma_y = \omega\lambda' + 2\mu'\varepsilon_y, \tau_{yz} = \mu'\gamma_{yz} \\ \sigma_z = \omega\lambda' + 2\mu'\varepsilon_z, \tau_{zx} = \mu'\gamma_{zx} \end{cases} \quad (4.4)$$

式（4.4）可以简记为

$$\sigma_{ij} = \lambda'\varepsilon_{kk}\delta_{ij} + 2\mu'\varepsilon_{ij} = \lambda'\omega\delta_{ij} + 2\mu'\varepsilon_{ij} \quad (4.5)$$

式中：τ 为剪应力，代表沿切线方向上的应力分量；γ 为剪应变；δ_{ij} 为 Kronecker $-\delta$ 符号，有

$$\delta_{ij} = \begin{cases} 0, i \neq j \\ 1, i = j \end{cases} \quad (4.6)$$

在实际应用中，常把各向同性弹性体的本构方程写为

$$\begin{cases} \varepsilon_x = \dfrac{1}{E}\left[\sigma_x - v(\sigma_y + \sigma_z)\right], \gamma_{xy} = \dfrac{1}{G}\tau_{xy} \\ \varepsilon_y = \dfrac{1}{E}\left[\sigma_y - v(\sigma_x + \sigma_z)\right], \gamma_{yz} = \dfrac{1}{G}\tau_{yz} \\ \varepsilon_z = \dfrac{1}{E}\left[\sigma_z - v(\sigma_x + \sigma_y)\right], \gamma_{zx} = \dfrac{1}{G}\tau_{zx} \end{cases} \quad (4.7)$$

式（4.7）可以简记为

$$\varepsilon_{ij} = \frac{1+v}{E}\sigma_{ij} - \frac{v}{E}\sigma_{kk}\delta_{ij} \quad (4.8)$$

式中：E、v 和 G 分别为弹性模量、泊松比和剪切模量。

在这 3 个参数之间，实际上独立的常数只有两个，其表达式为

$$G = \frac{E}{2(1+v)} \quad (4.9)$$

参数 λ'、ω 与弹性常数 E、G、v 之间的关系，可根据式（4.4）和式（4.7）求得。将式（4.7）的前三式相加，可得

$$\omega = \varepsilon_x + \varepsilon_y + \varepsilon_z = \frac{1-2v}{E}(\sigma_x + \sigma_y + \sigma_z) = \frac{3(1-2v)}{E}\sigma_m \quad (4.10)$$

将式（4.10）代入式（4.5），得

$$\varepsilon_{ij} = \frac{1}{2\mu'}\sigma_{ij} - \frac{\lambda'(1-2v)}{2\mu'E}\sigma_{kk}\delta_{ij} \qquad (4.11)$$

比较式（4.8）与式（4.11），可得

$$\begin{cases} \lambda' = \dfrac{Ev}{(1+v)(1-2v)} \\[2ex] \mu' = \dfrac{E}{2(1+v)} \end{cases} \qquad (4.12)$$

式中：E、v分别为弹性模量和泊松比。

针对实际1064nm增透熔石英窗口，$E \approx 7 \times 10^{10}$Pa，$v \approx 0.17$。因此，通过计算可得$\lambda' \approx 1.54 \times 10^{10}$Pa、$\mu' \approx 2.99 \times 10^{10}$Pa。

计算中应用到等厚干涉公式，即

$$\Delta' = 2nh = m\lambda \qquad (4.13)$$

式中：Δ'为光程差；n为目标折射率（$n \approx 1.45$）。

令$m = (N + n_i)$，则式（4.13）可以改写为

$$h = \frac{(N + n_i)\lambda}{2n} \qquad (4.14)$$

式中：λ为入射激光波长；N为选取的条纹越过相邻干涉条纹的整数；n_i为选取的条纹越过相邻干涉条纹的小数。

由弹塑性原理可知，形变量与应变量的关系为

$$\varepsilon_x = \frac{h}{l_0} \qquad (4.15)$$

式中：h为形变量，可以通过式（4.14）求得；l_0为初始长度。

2. 实验结果与分析

实验中选取的激光能量密度$I = 2.10 \times 10^3$ J/cm^2，脉冲宽度为1.0ms，高速相机帧频为10000帧/s（0.1ms/帧），得到激光作用过程中目标区域不同时刻的干涉图样变化如图4.4所示。

(a) $t = 0.0$ms   (b) $t = 0.1$ms   (c) $t = 0.2$ms

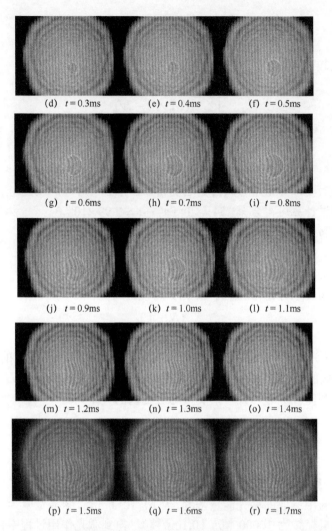

(d) $t = 0.3\text{ms}$ (e) $t = 0.4\text{ms}$ (f) $t = 0.5\text{ms}$

(g) $t = 0.6\text{ms}$ (h) $t = 0.7\text{ms}$ (i) $t = 0.8\text{ms}$

(j) $t = 0.9\text{ms}$ (k) $t = 1.0\text{ms}$ (l) $t = 1.1\text{ms}$

(m) $t = 1.2\text{ms}$ (n) $t = 1.3\text{ms}$ (o) $t = 1.4\text{ms}$

(p) $t = 1.5\text{ms}$ (q) $t = 1.6\text{ms}$ (r) $t = 1.7\text{ms}$

图 4.4   不同时刻的干涉图样变化

对高速相机拍摄得到的干涉条纹变形的几种可能产生原因进行了逐一分析，并最终确定该干涉条纹变化为热变形导致。首先，排除了熔石英窗口表面膜层产生等离子体喷溅及燃烧波扩展所导致的干涉条纹的变形。这是因为，实验中选用的激光能量密度为 $2.10 \times 10^3 \text{ J/cm}^2$，远小于激光致燃损伤阈值。根据对 1064nm 增透熔石英窗口的损伤概率分析结果可知，该激光参数条件下导致目标产生等离子体喷溅的概率很小，更重要的是等离子体的产生及燃烧波的扩展是与激光入射方向相反，且朝向目标表面的外部空间演化，拍摄到的实验现象是干涉条纹产生弯曲，达到一个极值后又逐渐变小的过程，因此排除了第一种可能情况。其次，排除了由于激光与目标相互作用过程中导致目标周围空气击穿或压缩而产生的干涉条纹变化。具体方式为：在入射激光参数保持一致的前提条件下，向前或向后移动目标使其离开高速相机的拍摄区域，观察相同激光条件下、相同空间位置范围内的高速图像，均未发现有类似图 4.4 所示的干涉图样变化产生，因此又排除了第二种可能因素的影响。所以，可以断定该干涉条纹发生变化是因为激光入射目标后，引起目标温升而导致温度梯度变化，进而产生的热应力变形。

由于实验中选取的入射激光能量密度不足以使目标发生熔融、气化等，所以目标整体的形变量可通过对其干涉条纹的变化进行计算得出，进一步通过计算目标整体形变量在 x、y、z 轴方向上投影就可以得出其应力在 x、y、z 轴上的大小。由于目标在 z 轴方向上的形变量较小，所以 z 轴方向所受应力可忽略不计。由于在实验过程中光线以 45° 角入射，所以整体形变量在 x、y 轴方向上的分量是相等的，即 $\varepsilon_x = \varepsilon_y$、$\varepsilon_z = 0$。

当入射激光能量密度为 $2.10 \times 10^3 \text{J/cm}^2$、脉冲宽度为 1.0ms 时，1064nm 增透熔石英窗口应力随时间演化过程曲线如图 4.5 所示。从图 4.5 中可以看出，在固定能量密度条件下，应力在初始阶段先是逐渐增加，到达应力极值后又逐渐变小，应力最大值出现在激光作用过程中的 0.86ms 时刻。实验测得的 σ_x 应力最大值约为 18.22MPa，σ_z 应力最大值约为 4.86MPa，且 x 方向和 z 方向上的应力均体现为拉应力，其中，x 方向上的拉应力较大，故可判断其将主要导致目标形成裂纹或断痕，损伤先从辐照中心处产生并逐渐向四周扩展，这与第 3 章中关于应力损伤位置的判断基本吻合。

图 4.6 所示为 $I=2.10 \times 10^3 \text{J/cm}^2$、$\tau_p=1.0\text{ms}$ 时，相同激光能量密度和脉冲宽度条件下 x 轴和 z 轴应力值的实验与仿真结果对比，仿真结果中

σ_x 应力最大值约为 19.20MPa，σ_z 应力最大值约为 8.11MPa。对实验结果与仿真结果出现的偏差进行分析可知，在激光作用过程中，目标吸收系数和热容量等参数是随着自身温度升高而发生变化的，但是仿真中的参数变化和温度之间的关系不能精确地与实验吻合。另外，数值仿真中的激光能量分布为高斯分布，而实验中测得的激光空间分布为近高斯分布，所以计算数据会产生一定的误差。但是，通过对比 σ_x 和 σ_z 的实验测量曲线和仿真曲线走势可以发现，两者的变化趋势基本是一致的。

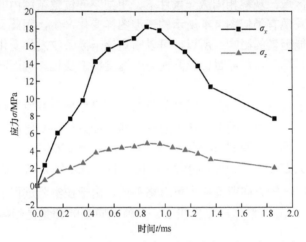

图 4.5   1064nm 增透熔石英窗口应力随时间演化过程曲线

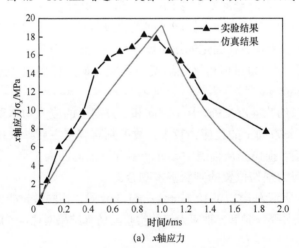

(a) x 轴应力

90

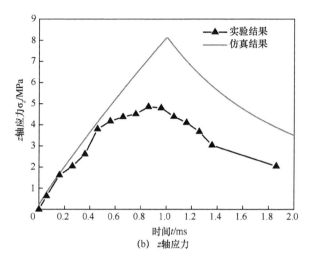

图 4.6　相同激光能量密度和脉冲宽度条件下 x 轴和 z 轴应力值的实验与仿真结果
对比（I=2.10×10³J/cm²，τ_p=1.0ms）

图 4.7 所示为相同激光能量密度不同激光脉宽条件下（激光脉宽分别为 1.0ms、1.5ms 和 2.0ms），分别选取第 K 级、第 K+1 级和第 K+2级干涉条纹在 x 方向和 z 方向应力随时间的变化关系。由图可知，激光与 1064nm 增透熔石英窗口作用过程中的应力值随时间增加而先增大后减小，且距离辐照中心位置越远应力值越小。脉宽为 1.0ms 时，σ_x最大值约为 18.22MPa，σ_z 最大值约为 4.86MPa；脉宽为 1.5ms 时，σ_x最大值约为 17.80MPa，σ_z 最大值约为 4.79MPa；脉宽为 2.0ms 时，σ_x最大值约为 14.28MPa，σ_z 最大值约为 3.82MPa。可以发现，在相同激光能量密度条件下，随脉宽增加其峰值应力变小。

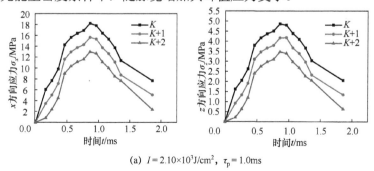

(a) I = 2.10×10³J/cm²，τ_p = 1.0ms

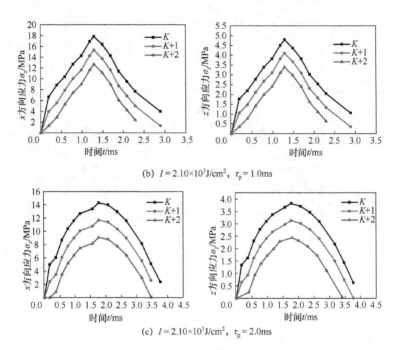

(b) $I = 2.10 \times 10^3 \text{J/cm}^2$，$\tau_p = 1.0\text{ms}$

(c) $I = 2.10 \times 10^3 \text{J/cm}^2$，$\tau_p = 2.0\text{ms}$

图 4.7　相同激光能量密度不同脉宽条件下干涉条纹在 x 方向和 z 方向应力随时间的变化关系

4.1.3　燃烧波扩展在线演化过程

目标气化形成的蒸气进一步吸收激光能量并产生低密度离化反应，因而出现激光支持燃烧波的现象。针对激光对熔石英材料产生致燃损伤过程中存在的激光支持燃烧波，考虑到激光支持燃烧波在可见光波段具有较强的辐射特征，明显区别于激光导致目标熔融、气化现象，容易被高速相机所接收和显示，利用阴影法测量了激光对熔石英致燃损伤过程中的燃烧波扩展速度，并使用高速相机接收图像。

1.　实验装置与原理

激光诱导产生的燃烧波，会吸收传输通过的激光能量，则被燃烧波吸收能量的光斑区域相对于其他区域呈现暗色。因此，利用高速相机可探测此变化，呈现暗色的区域就对应了激光燃烧波的膨胀区域。此方法即为光学阴影成像法，其原理如图 4.8 所示。

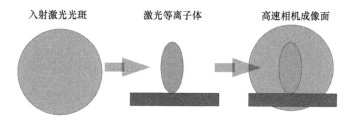

入射激光光斑　　　　激光等离子体　　　　高速相机成像面

图 4.8　光学阴影成像法原理

图 4.9 所示为激光支持燃烧波扩展实验测量原理，主要由四部分组成，分别为激光系统、参考激光系统、同步系统和测试系统。激光系统由 Nd:YAG 激光器（波长为 1064nm、脉宽为 1.0～3.0ms、能量输出范围为 20～100J）和聚焦透镜 1（焦距 300mm）组成。参考激光系统由 532nm 激光器和扩束镜组成。同步系统为 DG645 延时发生器。测试系统主要由高速相机、聚焦透镜 2（焦距 50mm）和衰减片（532nm 带通滤光片）组成。使用 V641 型高速相机（帧频为 6800 帧，即 147μs/帧）接收图像。

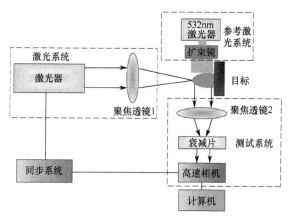

图 4.9　激光支持燃烧波扩展实验测量原理

为了分析激光产生燃烧波的规律，需要获得激光燃烧波流场演化过程图像。借助高时间分辨的光学阴影法实现对该过程的测量。利用与激光系统时间延时可调的参考激光系统垂直入射激光燃烧波膨胀区域，DG645 调整高速相机与激光系统的延时，由高速相机接收图像。通过获取不同时间条件下的燃烧波膨胀演化过程图像，进而获得燃烧

波的点燃时间和持续时间。通过对不同延时下燃烧波波面距目标表面的距离进行计算，可得到燃烧波的扩展速度，即

$$v = \frac{L_{n+1} - L_n}{t'} \qquad (4.16)$$

式中：L_{n+1} 和 L_n 为不同延时条件下燃烧波波面距目标表面的距离；t' 为两个波面的时间差。

高能量密度的激光辐照到目标表面产生激光等离子体，该等离子体受到目标的束缚而向前膨胀，若等离子体不吸收激光能量则沿目标法线方向自由膨胀；若等离子体吸收激光能量，形成激光支持燃烧波，则沿逆激光入射方向膨胀；向外压缩周围空气。根据等离子体自由膨胀方向与燃烧波的扩展方向不同，利用光学阴影成像法可实现燃烧波点燃阈值的判断。

2. 实验结果与分析

使用 V641 型高速相机，基于等离子体阴影法得到单脉冲激光作用条件下 1064nm 增透熔石英窗口损伤过程演化分为 4 种情况，如图 4.10～图 4.13 所示。

1）后表面致燃损伤

图 4.10 所示为激光能量密度为 $8.12 \times 10^3 \mathrm{J/cm^2}$、脉冲宽度为 1.0ms 时的燃烧波演化过程图像。从图中可以看到，1064nm 增透熔石英窗口产生等离子体从后表面喷溅。当激光作用时，膜层和基底由于吸收激光能量致使其自身温度升高，产生初始气化并不断向周围空气传递能量，由于此时的空气温度和压强还没有达到一个很高的状态，所以观察到此阶段的燃烧波主要呈现层流状传播。通过计算可以得到此过程的燃烧波速度最大值约为 20.6m/s。

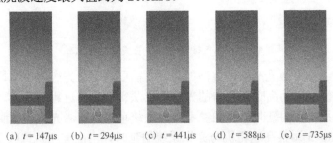

(a) $t = 147\mu s$ (b) $t = 294\mu s$ (c) $t = 441\mu s$ (d) $t = 588\mu s$ (e) $t = 735\mu s$

图 4.10 激光能量密度为 $8.12 \times 10^3 \mathrm{J/cm^2}$、脉冲宽度为 1.0ms 时的燃烧波演化过程图像

2) 前表面致燃损伤

当能量密度为 $9.83 \times 10^3 J/cm^2$、脉冲宽度为 1.0ms 时的燃烧波演化过程图像如图 4.11 所示。在 0～147μs 阶段，目标在激光作用下温度升高，周围空气在目标热辐射和对流过程作用下吸收激光能量，温度也会增加，由于此时空气压强和温度的提升幅度均有限，故空气流体现为层流，在阴影图中呈现出近似圆形的外轮廓。在 294～1029μs 阶段，随着激光作用时间的增加，能量沉积不断变大，1064nm 增透熔石英窗口表面温度持续上升并开始出现相变，目标气化形成的蒸气继续吸收后续激光能量，致使蒸气内部原子被激发和离化，产生低温等离子体，此时激光支持燃烧波被点燃，所以观察到阴影图由近似圆形变为类似于"蘑菇云"的形态。在 1176～3087μs 阶段，激光作用结束，阴影外沿扩展速度变慢，同时阴影图变化缓慢。阴影外沿距离对时间微分，即可得到外沿的扩展速度。经计算在 0～147μs 阶段，燃烧波外沿以每秒数米的速度。在 294～1029μs 阶段，燃烧波的扩展速度不断增加，并逐渐趋于一个极值。通过计算可以得到此阶段燃烧波的扩展速度最大值约为 28.8m/s。在 1176～3087μs 阶段，燃烧波的扩展速度逐渐降低并最终趋于零。

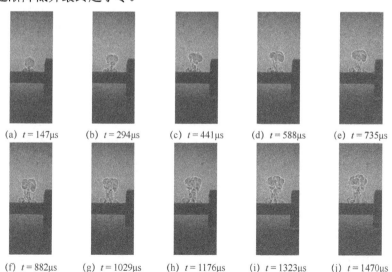

(a) $t = 147\mu s$　　(b) $t = 294\mu s$　　(c) $t = 441\mu s$　　(d) $t = 588\mu s$　　(e) $t = 735\mu s$

(f) $t = 882\mu s$　　(g) $t = 1029\mu s$　　(h) $t = 1176\mu s$　　(i) $t = 1323\mu s$　　(j) $t = 1470\mu s$

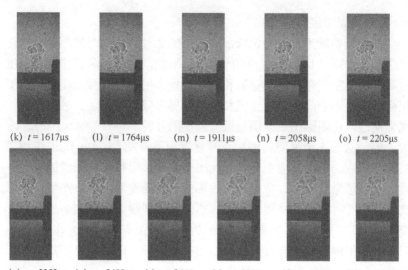

(k) $t = 1617\mu s$ (l) $t = 1764\mu s$ (m) $t = 1911\mu s$ (n) $t = 2058\mu s$ (o) $t = 2205\mu s$

(p) $t = 2352\mu s$ (q) $t = 2499\mu s$ (r) $t = 2646\mu s$ (s) $t = 2793\mu s$ (t) $t = 2940\mu s$ (u) $t = 3087\mu s$

图 4.11   激光能量密度为 $9.83\times10^3J/cm^2$，脉冲宽度为 1.0ms 时的燃烧波演化过程图像

3）前后表面致燃损伤同时发生

当激光能量密度为 $1.21\times10^4J/cm^2$、脉冲宽度为 1.0ms 时的燃烧波演化过程图像，可见 1064nm 增透熔石英窗口等离子体从前后表面同时喷溅，如图 4.12 所示，在初始时刻从等离子体轮廓大小可判定是前表面薄膜先损伤，喷溅出"蘑菇云"状等离子体，而后表面薄膜接着喷溅，前后表面燃烧波开始点燃。从激光作用目标产生等离子体的过程来看，等离子体发生喷溅并将部分膜层材料去除的过程是从前表面膜层开始，其带来的直接作用效果是导致膜层和空气交界面处发生局部损伤。而膜层较大面积的破坏将来自于等离子体对上、下表面各膜层之间以及膜层与基底之间的作用。此外，更高的能量密度将促使更多的能量透过目标并在后表面处发生聚积，因此膜层后表面开始出现等离子体喷溅现象。

4）熔石英内部致燃损伤并带材质脱落

图 4.13 所示为激光能量密度为 $1.32\times10^4J/cm^2$、脉冲宽度为 1.0ms 时的燃烧波演化过程图像，可见 1064nm 增透熔石英等离子体从前表

面喷溅并伴随材质脱落，燃烧波贯穿整个熔石英材料，在熔石英内部观察到强闪光，并且随着激光的继续作用，还可观察到在光斑中心有大量物质从前后喷出。这是因为熔石英内部存在着缺陷，导致熔石英内部强吸收并产生高温高压等离子体，随着熔石英材料的不断烧蚀，内部压强不断升高，当超过外围区域材料压力极限时，就会产生炸裂喷溅。熔石英前表面伴随着物质脱落，后表面也有部分熔石英材质脱落。

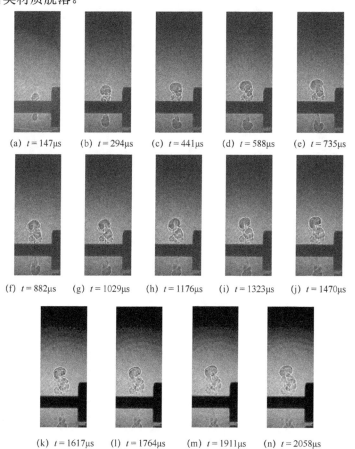

(a) $t = 147\mu s$ (b) $t = 294\mu s$ (c) $t = 441\mu s$ (d) $t = 588\mu s$ (e) $t = 735\mu s$

(f) $t = 882\mu s$ (g) $t = 1029\mu s$ (h) $t = 1176\mu s$ (i) $t = 1323\mu s$ (j) $t = 1470\mu s$

(k) $t = 1617\mu s$ (l) $t = 1764\mu s$ (m) $t = 1911\mu s$ (n) $t = 2058\mu s$

图 4.12　激光能量密度为 $1.21 \times 10^4 J/cm^2$、脉冲宽度为 1.0ms 时的燃烧波演化过程图像

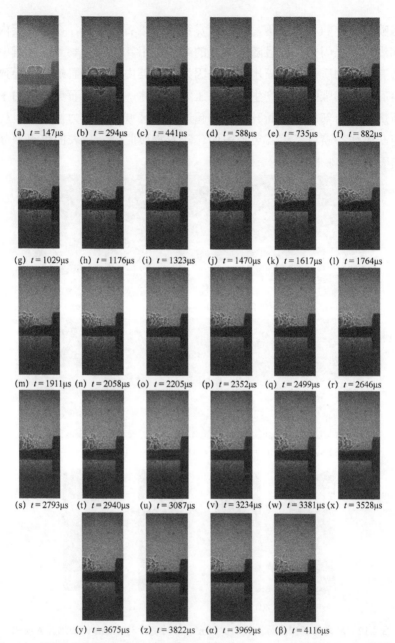

(a) $t = 147\mu s$ (b) $t = 294\mu s$ (c) $t = 441\mu s$ (d) $t = 588\mu s$ (e) $t = 735\mu s$ (f) $t = 882\mu s$

(g) $t = 1029\mu s$ (h) $t = 1176\mu s$ (i) $t = 1323\mu s$ (j) $t = 1470\mu s$ (k) $t = 1617\mu s$ (l) $t = 1764\mu s$

(m) $t = 1911\mu s$ (n) $t = 2058\mu s$ (o) $t = 2205\mu s$ (p) $t = 2352\mu s$ (q) $t = 2499\mu s$ (r) $t = 2646\mu s$

(s) $t = 2793\mu s$ (t) $t = 2940\mu s$ (u) $t = 3087\mu s$ (v) $t = 3234\mu s$ (w) $t = 3381\mu s$ (x) $t = 3528\mu s$

(y) $t = 3675\mu s$ (z) $t = 3822\mu s$ (α) $t = 3969\mu s$ (β) $t = 4116\mu s$

图 4.13 激光能量密度为 $1.32 \times 10^4 J/cm^2$，脉冲宽度为 1.0ms 时的燃烧波演化过程图像

针对 1064nm 增透熔石英窗口在激光作用下出现的前、后表面膜层单独损伤、共同损伤等现象，分析其产生原因主要有两点：一是膜层-熔石英-膜层结构及体系中不同材质损伤阈值差异；二是激光辐照区域膜层是否有缺陷或缺陷大小不一致。在足够大的激光能量下，由于膜层燃烧波的诱导，产生了熔石英材料的激光支持燃烧波现象，直至烧穿。此外，由于激光作用区域熔石英内部的缺陷（气泡、杂质等）存在，导致熔石英内部强吸收并产生高温高压等离子体，产生炸裂喷溅，其损伤阈值高于膜层损伤阈值。

由于目标表面膜层和基底中的缺陷分布具有一定的随机性，下面将引入统计分布的概念，对激光诱导下 1064nm 增透熔石英窗口出现的不同损伤部位进行概率统计分布。进一步解释由于激光辐照区域膜层存在缺陷以及缺陷大小不一致的情况而出现的膜层前表面损伤、后表面损伤、前后表面共同损伤以及内部损伤并带有材质脱落的实验现象。

3. 损伤结果的概率分布统计

在入射激光能量密度一定的条件下，考虑目标表面产生损伤的原因是由于光斑落在目标表面缺陷处，且目标表面缺陷处的能量密度大于其损伤阈值。假设：目标表面存在缺陷的概率为 d；光斑落在目标表面缺陷处的概率为 P_d；目标前表面缺陷处的能量密度大于损伤阈值的概率为 P_{fd}；目标后表面缺陷处的能量密度大于损伤阈值的概率为 P_{rd}。

因此，前表面损伤概率 P_1 就应该等于目标表面存在缺陷的概率 d 乘以光斑落在目标表面缺陷处的概率 P_d 再乘以目标前表面缺陷处的能量密度大于损伤阈值的概率 P_{fd}，即为

$$P_1 = d \cdot P_d \cdot P_{fd} \tag{4.17}$$

后表面损伤概率 P_2 等于目标表面存在缺陷的概率 d 乘以光斑落在目标表面缺陷处的概率 P_d 再乘以目标后表面缺陷处的能量密度大于损伤阈值的概率 P_{rd}，公式为

$$P_2 = d \cdot P_d \cdot P_{rd} \tag{4.18}$$

目标未发生损伤概率 P_3 等于目标表面存在缺陷的概率 d 乘以光斑落在目标表面缺陷处的概率 P_d 再乘以目标前表面缺陷处的能量密度小于损伤阈值的概率 $1 - P_{fd}$ 再乘以目标后表面缺陷处的能量密度小

于损伤阈值的概率 $1 - P_{\text{rd}}$，公式为

$$P_3 = d \cdot P_\text{d} \cdot (1 - P_{\text{fd}}) \cdot (1 - P_{\text{rd}}) \qquad (4.19)$$

综上所述，某一能量密度区间内前表面损伤、后表面损伤和未发生损伤的概率公式为

$$\begin{cases} P_1 = d \cdot P_\text{d} \cdot P_{\text{fd}} \\ P_2 = d \cdot P_\text{d} \cdot P_{\text{rd}} \\ P_3 = d \cdot P_\text{d} \cdot (1 - P_{\text{fd}}) \cdot (1 - P_{\text{rd}}) \end{cases} \qquad (4.20)$$

通过对实验测得的 3 组不同能量密度区间内发生前表面损伤、后表面损伤及未损伤的目标样本进行概率统计，得到不同损伤情况下的概率统计分布如图 4.14 所示。

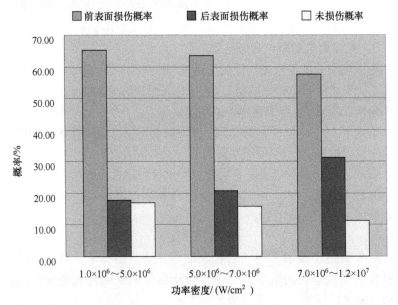

图 4.14　不同损伤情况下的概率统计分布

将不同区间内目标发生前表面损伤、后表面损伤和未损伤概率分别代入式（4.20）中，得到不同功率密度区间范围内的 P_{fd}、P_{rd} 和 $d \cdot P_\text{d}$ 概率统计见表 4.1 所列。

表 4.1　不同功率密度区间内的 P_{fd}、P_{rd} 和 $d \cdot P_d$ 概率统计

功率密度区间/（W/cm²）	P_{fd}	P_{rd}	$d \cdot P_d$
$1.0 \times 10^6 \sim 5.0 \times 10^6$	0.75	0.2	0.86
$5.0 \times 10^6 \sim 7.0 \times 10^6$	0.75	0.24	0.84
$7.0 \times 10^6 \sim 1.2 \times 10^7$	0.75	0.4	0.76

图 4.15 所示为样本区间内的概率分布。从图中曲线可知，目标前表面缺陷处的能量密度大于损伤阈值的概率 P_{fd}，在整个区间处于一个小范围的波动，说明当激光诱导 1064nm 增透熔石英窗口损伤过程中，由于目标固定，$d \cdot P_d$ 就为一个定值，只要激光能量密度满足大于目标损伤阈值的前提，目标前表面发生损伤的概率就是基本不变的。也就是说，其损伤概率不会随激光能量密度的增加而提升。图中后表面缺陷处的能量密度大于损伤阈值的概率 P_{rd}，在整个区间范围内其概率值逐渐增大，说明当入射激光能量密度升高时，目标后表面发生损伤的概率会逐渐加大。因此，这也就从损伤概率的角度解释了实验过程中出现的熔石英后表面首先发生损伤的原因。需要注意的是，如果损伤目标一旦确定，那么目标表面存在缺陷的概率与光斑落在目标表面缺陷处的概率的乘积 $d \cdot P_d$ 就应该是相对恒定的，通过表 4.1 和图 4.15 中的数据看到，其概率取值范围在 76%～86% 之间浮动，这主要是因为实验过程中的统计样本数量是一定的，还不是足够大，因此出现了一定范围的波动。

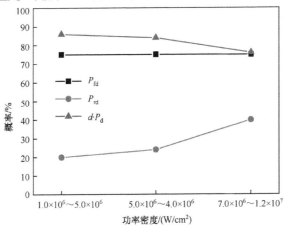

图 4.15　样本区间内的概率分布

4.2 离线系统测量 1064nm 增透熔石英窗口损伤特性

4.2.1 内部残余应力

激光与 1064nm 增透熔石英窗口作用结束后，会在激光辐照区形成较大的温度梯度，目标通过热对流过程与周围空气交换热量，使其自身温度迅速下降，在温度快速下降的过程中，目标来不及释放体内的全部热应力，最终在目标内部形成残余应力。对于残余应力的测量，传统方法是根据光弹法原理搭建相关测试光路对目标内部的残余应力进行简单的定性分析，不能准确给出定量的结果。因此，采用以下测试装置及原理对 1064nm 增透熔石英窗口经激光作用后的残余应力进行分析。

1. 测试装置与原理

实验中所使用的偏光应力仪型号为 PTC-702 型，其测量精度为 ±1.5 nm，该应力仪主要基于塞纳蒙补偿法对光程差的最大值进行测量，残余应力的 Senarmont 补偿法测试原理如图 4.16 所示。光源发出的光线首先通过准直透镜入射到起偏器上，然后以线偏振光的形式通过待测目标，由于光线在样品内部传输会产生光程差，因此以椭圆偏光的形式入射到 1/4 玻片上。经 1/4 玻片出射后重新变为线偏振光，但此时的线偏振光已经和入射到待测目标之前的线偏振光不同，其方向已经发生改变。经 1/4 玻片出射后的线偏振光经过检偏器后，通过观察刻度罗盘的读数就可以知道与原线偏振光形成的偏转角度，该角度与光线通过样品的光程差有关。通过仪器软件可求出光程差 R_s 的大小，根据下式可以计算得到具体的应力值，即

$$\sigma = \frac{R_s}{C_s L_s} \tag{4.21}$$

式中：C_s 为熔石英的光弹系数；L_s 为应力在熔石英中的长度。

当求出的应力值为正值时，说明残余应力表现为拉应力；当求出的应力值为负值时，说明残余应力表现为压应力。

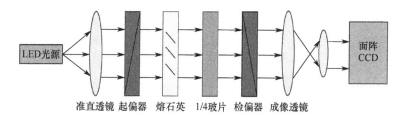

准直透镜 起偏器 熔石英 1/4玻片 检偏器 成像透镜

图 4.16　残余应力的 Senarmont 补偿法测试原理

2. 测试结果与分析

图 4.17 所示为脉冲宽度 τ_p =1.0ms、激光能量密度 I=4.82×10³J/cm²
的条件下，1064nm 增透熔石英窗口的残余应力图像及数值 F_r。测得
此时目标内部的残余应力值为 1.32～1.56MPa。由于残余应力是激光
损伤过程中热积累而膨胀，而周围环境又限制了它的膨胀体积，导致
热应力释放减缓而形成的应力残留。受目标成型过程（熔石英材料熔
融、去杂质、退火等）中应力残留的影响，相同激光能量作用下，残
余应力也略有不同。

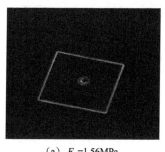 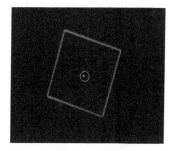

（a）F_r =1.56MPa　　　　　　　（b）F_r =1.32MPa

图 4.17　相同能量密度条件下 1064nm 增透熔石英窗口残余应力图像及数值 F_r

在脉冲宽度固定为 τ_p =1.0ms，逐渐加大激光能量密度的情况下，
1064nm 增透熔石英窗口残余应力图像变化如图 4.18 所示。当入射激
光能量密度增强时，增透膜和熔石英基底都能够吸收更多的激光能量，
进而产生较大的温度梯度，导致熔石英内部的热应力值增大，在熔石
英未发生严重的形貌损伤时，应力释放缓慢，冷却后内部的残余应力
值也增加，但当入射激光能量密度足够强时，单位面积热应力大于熔

石英材质的屈服强度后，目标表面会形成裂纹、碎裂等严重的形貌损伤，残余应力通过裂纹、碎裂等途径获得了释放，导致冷却后残余应力值减少。

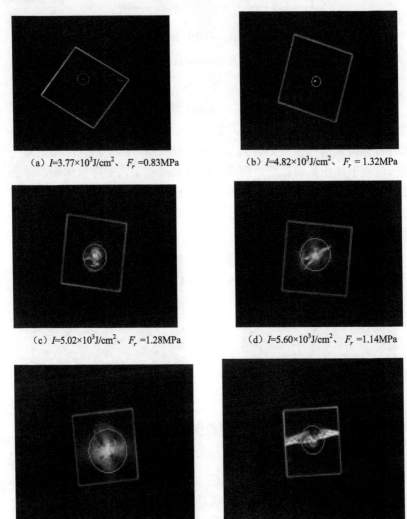

(a) I=3.77×10³J/cm²、F_r =0.83MPa   (b) I=4.82×10³J/cm²、F_r = 1.32MPa

(c) I=5.02×10³J/cm²、F_r =1.28MPa   (d) I=5.60×10³J/cm²、F_r =1.14MPa

(e) I=5.77×10³J/cm²、F_r =0.98MPa   (f) I= 6.60×10³J/cm²、F_r =0.86MPa

图4.18 逐渐加大激光能量密度的情况下1064nm增透熔石英窗口残余应力图像变化

4.2.2 损伤面积及表面损伤形貌

1. 测试装置

熔石英元件被激光损伤后，会导致目标发生熔融、喷溅以及应力断痕等损伤形貌变化，采用显微镜成像的方法可以对损伤区域进行局部放大，通过观察损伤部位的形貌变化特征，并分析其产生该种变化的原因，对掌握其损伤发生的规律和物理本质起到至关重要的作用。实验中采用的 Leica DMI-5000M 型金相显微镜，通过对金相显微镜获取的目标二维损伤形貌图像进行处理，可以得到发生损伤部位的面积大小。

2. 测试结果与分析

图 4.19 给出了脉冲宽度分别为 1.0ms 和 3.0ms 时，1064nm 增透熔石英窗口损伤面积随能量密度变化的关系。在固定脉冲宽度条件下，1064nm 增透熔石英窗口损伤面积随能量密度加大呈上升趋势。在相同能量密度条件下，1064nm 增透熔石英窗口损伤面积随脉冲宽度的增加逐渐增大，这主要是因为能量密度虽然相同，但目标由于激光持续加热时间的延长而出现更大面积的损坏，从图 4.19（b）中可以看到，在 τ_p=3.0ms、I=1.02×10^{4}J/cm^2 时，损伤面积已经达 1.82mm^2。

采用莱卡金相显微镜测取的 1064nm 增透熔石英窗口二维损伤形貌金相显微图像如图 4.20 所示，正面的法线方向逆对着激光方向，背面的法线方向与激光方向一致。图 4.20（a）是 τ_p=1.5ms、I=1.17×10^{4}J/cm^2 激光参数条件下的损伤形貌，正面有一中心小区域（直径约 100μm）发生了熔融，背面大部分区域发生了熔融，在靠近中心区域有两条前端靠近的应力断痕，边缘部分存在喷溅。图 4.20（b）是 τ_p=2.5ms、I=1.49×10^{4}J/cm^2 损伤后的金相显微图，正面有一个光斑边缘区域发生了熔融，背面大部分区域发生了熔融，在靠近中心区域有两条前端靠近的应力断痕，边缘部分存在喷溅。图 4.20（c）是 τ_p=3.0ms、I=1.01×10^{4}J/cm^2 激光参数条件下的损伤形貌，正面膜层无损伤，背面主要发生了熔融，上半部分出现了两处应力断痕，损伤边缘部分有喷溅痕迹。造成这些现象的原因是膜层本身有缺陷，当激光辐照时，这些缺陷吸收能量，形成多光子吸收，遭到破坏。首先产生剥落和熔融，热吸收还形成热应力积累，因拉伸形成裂纹或断痕，而较多的热应力还有热膨胀，与周围挤压，在激光作用过程中发生炸裂，形成裂缝。

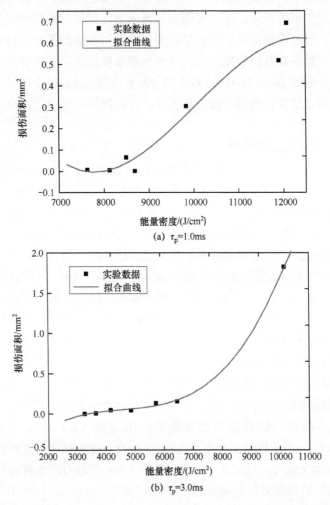

(a) τ_p=1.0ms

(b) τ_p=3.0ms

图 4.19　不同脉冲宽度条件下 1064nm 增透熔石英窗口损伤面积随能量密度变化的关系

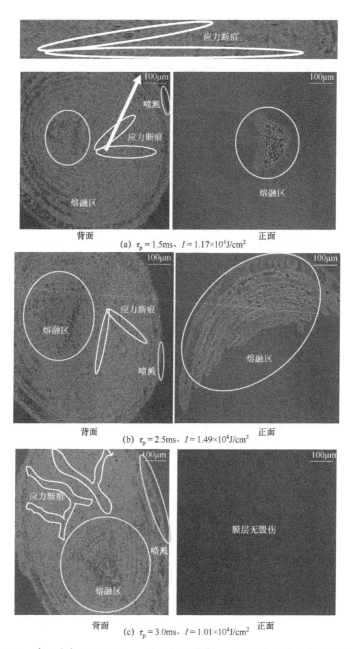

图 4.20　单脉冲条件下 1064nm 增透熔石英窗口二维损伤形貌金相显微图像

4.3 损伤阈值的计算结果与讨论

4.3.1 损伤阈值定义与表征方法

1064nm 增透熔石英窗口损伤阈值定义为：当目标发生不可逆转形貌变化时，引起该形貌变化对应的激光能量密度临界值。固体脉冲激光损伤阈值采用 100%损伤阈值，即超过作用激光能量密度临界值均能使 1064nm 增透熔石英窗口形貌发生变化。

1064nm 增透熔石英窗口损伤阈值表征采用 one-to-one 方法，即对损伤目标表面用同一激光能量密度作用 10 个点，由低到高增加激光能量密度。当激光能量密度超过损伤临界值激光能量密度时，用 100 倍金相显微镜均能观测到 1064nm 增透熔石英窗口表面形貌变化；但激光能量密度低于损伤临界值激光能量密度时，用 100 倍金相显微镜未能全部观测到 1064nm 增透熔石英窗口表面形貌变化，将超过损伤临界值激光能量密度最小的 10 个激光能量密度平均值记为损伤阈值。由于损伤目标的不均匀性以及实验测试的不准确性，损伤阈值一般不采用单一数值，而是采用一定的范围值。

4.3.2 损伤阈值测试方法

1064nm 增透熔石英窗口损伤形貌变化时，会伴随着发生表面熔化和出现等离子体闪光。因此，提出了损伤过程中基于点温仪监测 1064nm 增透熔石英窗口表面温度、高速相机监测等离子体闪光作为判断 1064nm 增透熔石英窗口是否损伤，损伤后用 100 倍金相显微镜观测到 1064nm 增透熔石英窗口表面形貌变化相结合的测试方法。进而可提高损伤阈值的测量精度，减小测量误差。由图 4.21 可示为单脉冲条件下 1064nm 增透熔石英窗口损伤阈值随脉冲宽度的变化关系势。

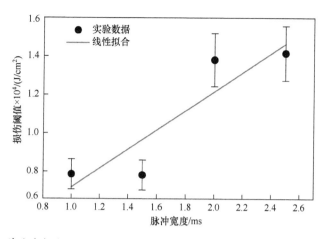

图 4.21　单脉冲条件下 1064nm 增透熔石英窗口损伤阈值随脉冲宽度的变化关系

4.3.3　损伤阈值误差分析

激光损伤阈值测量误差主要来源于仪器误差、数据传递误差、实验样品误差和人为误差。

1. 仪器误差

仪器误差是由损伤阈值测量系统涉及的仪器设备测量精度引起的。阈值测量所用主要仪器设备见表 4.2 所列。

表 4.2　阈值测量所用主要仪器设备

仪器型号及名称	物理量			主要技术指标	精度/%
	名称	单位	符号		
Melar-100 脉冲激光器	脉冲能量	J	E	1～50J@0.5ms 1～100J@1.0～3.0ms	4
NOVA II 能量计	脉冲能量	J	E	功率范围：30μW～10kW 光谱范围：0.19～20μm	3
M^2-200S 光束质量分析仪	光斑直径	mm	D	2～3min 测量时间	3
DMI5000M 金相显微镜	损伤面积	cm^2	S	60nm～2mm@100 倍	6

2. 数据传递误差

损伤阈值测量中，一些物理量需要间接计算获得，在计算过程中有部分误差通过直接测量量带入函数，此时误差便会被传递至间接测

109

量量，对损伤阈值误差产生影响。

3. 实验样品误差

由于在损伤阈值测量实验过程中所需的目标样品数量比较多，即使是同一批次生产过程中也可能存在一定的不均匀性，造成目标损伤会有一定差异性，这种目标样品的不均匀引起的实验样品误差难以避免。

4. 人为误差

在进行数据读取以及在进行数据处理过程中会带来主观误差，此误差可通过多次开展实验对数据进行多次平均进行削减。

4.4 小　结

本章对毫米脉冲激光诱导 1064nm 增透熔石英窗口损伤过程中的温度变化情况、应力实时变化情况、等离子体演化过程进行了在线实验研究；同时，对经激光作用后，目标内部的残余应力分布、目标的损伤形貌情况进行了离线测量和分析，得出了相关实验规律。

（1）温度在线演化过程实验。通过对不同能量密度条件下的长脉冲激光诱导 1064nm 增透熔石英窗口损伤温度场变化进行测试，得到以下温升损伤规律：长脉冲激光作用于熔石英窗口表面后，在激光脉冲宽度不变的条件下，随着入射激光能量密度的增加，1064nm 增透熔石英窗口上表面中心点温度峰值呈上升趋势，当温度达到最高点后迅速下降，这一现象说明薄膜受到激光辐照温度上升后，其自身透过率增大，激光沉积减少，导致温度很快降低，温度下降历史持续时间较长。对比不同能量密度条件下，辐照中心点温度随时间演化的实验测量结果及仿真结果可以发现，两者的温度变化趋势基本吻合，实验结果与仿真模拟结果得到了很好的吻合，这也进一步验证了第 2 章所建立理论模型的正确性。

（2）应力应变在线演化过程实验。基于马赫-曾德尔干涉法，搭建针对透明光学元件的在线应力测试平台，对激光诱导 1064nm 增透熔石英窗口损伤过程中的应力实时演化过程进行了测试和分析。通过获取目标表面的干涉条纹变化，将干涉条纹的变形与目标表面的形变相关联，得到的应力应变损伤规律如下：1064nm 增透熔石英窗口内部的应力随激光辐照时间增加出现先增大后减小的现象，应力最大值出现在激光作用过程中的脉宽时间范围内，发现在相同激光能量密度条件下，随脉冲宽度增加其峰值应力逐渐变小。在激光辐照中心点处应力值最大，损伤先从辐照中心处产生并逐渐向四周扩展，这与第 3 章中关于应力损伤位置的判断基本是吻合的。

（3）燃烧波扩展的在线演化过程实验。依据激光支持燃烧波在可见光波段具有明显的辐射特征这一特点，借助高时间分辨的光学阴影法实现对长激光支持燃烧波扩展的在线演化过程监测，从而获得激光支持燃烧波流场的演化图像。通过实验结果发现，1064nm 增透熔石英窗口出现了前表面损伤、后表面损伤、前后表面共同损伤以及内部损伤并带有材质脱落等实验现象。究其原因可能有两点：一是因为在膜层-熔石英-膜层结构以及体系内部不同材质损伤阈值的差异；二是因为在激光辐照区域膜层存在缺陷以及缺陷大小不一致。采用数理统计学与概率论相结合的方法对激光诱导 1064nm 增透熔石英窗口出现的不同损伤效果进行概率统计，进而揭示了目标缺陷随机性分布而诱发的损伤机理。

（4）内部残余应力测试。在相同能量密度和脉冲宽度的激光作用条件下，受目标成型过程中熔石英材料熔融、去杂质及退火等应力残留因素的影响，熔石英材料内部残余应力略有不同。在脉冲宽度相同时，随作用激光能量密度的增加，增透膜和熔石英基底吸收更多的激光能量，促使其内部产生的温度梯度变大，进而导致熔石英内部的热应力值变大，在熔石英未发生严重的形貌损伤时，热应力释放缓慢，在目标冷却后其内部的残余应力值也随之增加。但是，当作用激光能量密度足够高，远大于目标的热应力损伤阈值时，此时目标发生裂纹、碎裂等严重形貌改变，残余应力通过裂纹、碎裂等途径得到释放，此时的残余应力值有所减少。

（5）表面损伤形貌测试。通过对金相显微镜获取的目标二维损伤形貌图像进行处理，得到不同入射激光条件下 1064nm 增透熔石英窗口的损伤面积变化，获得其损伤规律如下：在固定脉冲宽度条件下，随着入射激光能量密度的增加，损伤裂痕向四周扩展程度加剧，导致目标表面损伤面积增加；在相同能量密度条件下，随脉冲宽度的增加 1064nm 增透熔石英窗口损伤面积也在增加，这主要是因为能量密度虽然相同，但目标由于激光持续加热时间的延长而出现更大面积的损坏。

第5章　激光诱导1064nm增透熔石英窗口损伤技术的结论及展望

5.1　理论与实验研究结论

本章主要对激光诱导 1064nm 增透熔石英窗口损伤技术在理论和实验上进行了阐述。在理论方面主要对激光与 1064nm 增透熔石英窗口相互作用过程机理进行分析，并在此基础上完成对相关过程的物理模型和仿真模型的建立。在实验方面主要对毫米脉冲激光作用 1064nm 增透熔石英窗口产生的温度变化情况、热致应力应变情况和激光支持燃烧波演化过程等进行了分析，具体结论如下。

5.1.1　理论研究

主要针对毫米脉冲激光诱导 1064nm 增透熔石英窗口的损伤过程机理及相关现象规律进行理论研究，按激光损伤目标的不同阶段，将全过程分为温升阶段、热致应力应变阶段以及激光支持燃烧波扩展阶段，针对各阶段所对应的不同物理过程建立了相关理论模型。

（1）在温升模型中，将激光视为一个随时间变化的内部热源，针对实际 1064nm 增透熔石英窗口包含的 7 层结构尺寸，推导并且得到了适用于多层目标的激光内部热源表达式，并据此实现了对模型温升部分的修正。利用等效比热容法对目标发生熔融过程中的相变问题进行处理，通过对所建模型进行分析可知，1064nm 增透熔石英窗口的温升过程不仅与加载激光的能量和脉冲宽度有关，在涉及目标发生相变的过程中，固相率以及相变潜热也是导致温度变化的原因。

（2）在热致应力应变模型中，通过联立热弹性平衡方程、几何方

113

程及物理方程，推导出轴对称瞬态热应力场的表达式。根据对建模过程进行分析可知，温度梯度是产生目标发生形变的根本原因，目标发生形变的大小与其热膨胀系数的大小有关。目标发生热应力应变过程不仅受激光能量和脉宽因素的影响，而且杨氏模量也是目标应力变化的影响因素。

（3）在燃烧波扩展模型中，根据目标产生温升和熔融过程、目标气化和部分离化过程，并同时考虑激光作用的温度残余、目标表面气流状况的分布等效应，采用多物理场耦合的手段，分阶段对激光支持燃烧波的过程进行了建模。模型中考虑了逆韧致辐射、热辐射、热传导和对流物理过程，通过分析可知，单位时间内的能量密度大小，也即激光功率密度大小是诱导等离子体产生的主要影响因素，而在对激光支持燃烧波的产生、传播和气体动力学行为的研究过程中发现激光能量密度大小和脉宽是其重要影响因素。

5.1.2　仿真研究

根据理论研究结果建立了激光诱导 1064nm 增透熔石英窗口损伤仿真模型，具体包括温升仿真模型、热致应力仿真模型和激光支持燃烧波仿真模型。通过数值仿真得到以下规律。

（1）通过温升仿真模型可知，单脉冲条件下，当脉冲宽度一定时，激光能量密度越高，目标表面温度越高。当能量密度一定时，随激光脉冲宽度的增加，目标表面中心点的温度下降。随入射激光脉冲宽度的增加，1064nm 增透熔石英窗口的热损伤阈值逐渐变大。由于激光的空间分布是高斯型，因此目标上表面的径向温度分布曲线也呈现高斯的分布特点，温升主要集中在激光辐照区，在光斑边缘形成很大的温度梯度。脉冲串条件下，在激光辐照期间，目标中心点的温度急剧上升，在脉冲停止作用的脉冲间隔内，由于没有热源及能量的聚集，1064nm 增透熔石英窗口处于冷却阶段，因此目标中心点温度缓慢下降，目标中心点的温升曲线在激光作用时间内呈现锯齿状上升。相比于单脉冲激光作用的结果，温升集中区域有所扩大，不再局限于激光辐照区，而是向外有所延伸。因此，可以判断脉冲串激光作用于目标表面后，将会产生一定的累积效应，其效果使 1064nm 增透熔石英窗口的损伤程度加剧。

（2）通过热应力仿真模型可知，在薄膜中心处，径向应力和环向应力均表现为拉应力，且拉应力达到最大，随激光辐照时间的增加，拉应力逐渐增加。在半径 r 和厚度 z 方向上，拉应力逐渐减小并逐渐转化为压应力。同时发现，径向应力在激光作用中心以及光斑半径边缘附近达到最大值，环向应力在后表面中心位置达到最大值。据此可以判断，1064nm 增透熔石英窗口发生热应力损伤是从激光作用中心或光斑半径边缘附近处开始，同时还会出现后表面发生损伤的情况；在厚度方向上，轴向应力始终表现为压应力，且随激光辐照时间的增加压应力逐渐增大。轴向应力沿轴向位置先逐渐增大，并在轴向中心位置处达到最大，之后逐渐减小，并在后表面中心位置处减小为零。

（3）通过燃烧波仿真模型可知，聚焦激光束作用下燃烧波传播的过程中，等离子体前端的激光光强逐渐降低，光束半径逐渐变大。激光参数的这种变化对燃烧波动力学行为的影响表现为传播速度逐渐减慢、燃烧波前端等离子体区域的宽度逐渐增加、等离子体的长度逐渐减小、等离子体的温度逐渐降低。也就是说，在聚焦激光束作用下，燃烧波的传播是非稳态的。通过对不同时间条件下燃烧波的气体动力学结构进行分析可以发现，燃烧波在传播过程中，逐渐出现了类似于"蘑菇云"的形态，并出现湍流现象。这与实验部分中采用等离子体阴影法拍摄得的燃烧波演化过程基本是一致的。在激光支持燃烧波传播过程中，主要通过逆韧致辐射过程吸收能量，能量的损失则主要由热辐射过程导致。在燃烧波波前区域由热传导和对流引起的能量吸收要远远小于由热辐射引起的。

5.1.3 实验研究

采用在线测试和离线测试相结合的实验手段，对长脉冲激光诱导熔石英窗口损伤过程中涉及的温度变化情况、应力实时变化情况、等离子体演化过程进行了在线测试和分析；同时，对经激光作用后，目标内部的残余应力分布、目标的损伤形貌情况进行了离线测量和分析，取得了相关实验规律。

（1）通过温度在线演化过程实验得到了在激光脉冲宽度不变的条件下，随着入射激光能量密度的增加，目标表面中心点温度峰值呈上升趋势。当温度达到最高点后迅速下降，说明膜层受到激光辐照温度上升后，其自身透过率增大，激光沉积减少，导致温度很快降低。对比不同能量密度条件下，辐照中心点温度随时间演化的实验测量结果及仿真结果可以发现，实验结果与仿真模拟结果得到了很好的吻合，这也进一步验证了前文所建立理论模型的正确性。

（2）通过应力应变在线演化过程实验得到了 1064nm 增透熔石英窗口热应力随激光辐照时间增加出现先增大后减小的现象，应力最大值出现在激光作用过程中的脉宽时间范围内。从应力损伤位置来看，在激光辐照中心点处应力值最大，损伤先从辐照中心处产生并逐渐向四周扩展。通过对比不同脉宽条件下的应力值大小可以发现，在相同激光能量密度条件下，随脉冲宽度的增加，其峰值应力逐渐变小。实验所得应力损伤位置规律与仿真中的结果是基本吻合的。

（3）通过燃烧波扩展的在线演化过程实验得到了 1064nm 增透熔石英窗口分别出现了前表面损伤、后表面损伤、前后表面共同损伤以及内部损伤并带有材质脱落的实验现象。究其原因有两点：一是因为在膜层–熔石英–膜层结构以及体系内部中不同材质损伤阈值的差异；二是因为在激光辐照区域膜层存在缺陷以及缺陷大小不一致。在足够大的激光能量下，由于膜层燃烧波的诱导，产生了熔石英材料的激光支持燃烧波现象，直至烧穿。由于激光作用区域熔石英内部的缺陷（气泡、杂质等）存在，导致熔石英内部产生强吸收并产生高温高压等离子体，产生炸裂、喷溅，其损伤阈值高于膜层损伤阈值。最后，采用数理统计学与概率论相结合的方法对激光诱导 1064nm 增透熔石英窗口出现的不同损伤效果进行概率统计，进而揭示了目标缺陷随机性分布而诱发的损伤机理。

（4）通过对目标内部残余应力进行测试得到了在相同能量密度和脉冲宽度的激光作用条件下，受目标成型过程中熔石英材料熔融、去杂质及退火等应力残留因素的影响，熔石英内部残余应力略有不同。在脉冲宽度相同时，随作用激光能量密度的增加，增透膜和熔石英基底吸收更多的激光能量，促使其内部产生的温度梯度变大，进而导致熔石英内部的热应力值变大，在熔石英未发生严重的形貌损伤时，热应力释放缓慢，在目标冷却后其内部的残余应力值也随之增加。但是，当作用激光能量密度足够高，远大于目标的热应力损伤阈值时，此时目标发生裂纹、碎裂等严重形貌改变，残余应力通过裂纹、碎裂等途径得到了释放，此时的残余应力值有所减少。

（5）通过对目标表面损伤形貌进行测试得到了在固定脉冲宽度条件下，随入射激光能量密度的增加，损伤裂痕向四周扩展程度增加，目标表面损伤面积增加。损伤首先从辐照中心处产生，随着激光能量密度的增大，损伤区域向四周扩展，损伤形貌越来越严重。在相同能量密度条件下，随脉冲宽度的增加 1064nm 增透熔石英窗口损伤面积也增加。由于膜层自身存在缺陷，这些缺陷吸收激光能量，形成多光子吸收，遭到破坏，首先产生剥落和熔融，热吸收还形成热应力积累，因拉伸形成裂纹或断痕，而较多的热应力还会发生热膨胀，与周围物质挤压，并在激光作用过程中发生炸裂。

对激光诱导 1064nm 增透熔石英窗口的损伤过程进行研究，探索其损伤物理规律和物理机制，有助于对损伤过程的物理内涵进行深入理解，同时对改进材料的生产工艺、增加材料的使用寿命、降低激光系统的运行成本并提升负载能力具有指导意义。

5.1.4 创新性研究

（1）基于光学干涉理论和马赫-曾德尔干涉方法，提出了针对大能量固体脉冲激光与透明材料相互作用的最大应力值及其位置的测量方法。

通过获取目标表面的干涉条纹变化，得到透明材料在线应力及应变演化过程，将干涉条纹的变形与目标表面的形变相关联，通过理论计算得到应力最大值及其位置信息，最终为目标应力破坏过程提供理论上的依据。

（2）提出了用数理统计学与概率论相结合的方法来统计激光诱导 1064nm 增透熔石英窗口的损伤效果。

通过对膜层前表面、后表面、前后表面以及内部等不同损伤部位的概率分布统计，得到了缺陷大小和空间位置对目标损伤概率的影响，进而揭示了目标缺陷随机性分布而诱发的损伤机理。

5.2 展　　望

激光诱导熔石英材料的损伤问题是一个广受关注的课题，本书仅就波长为 1064nm 的毫秒脉冲激光与增透熔石英窗口相互作用过程的理论和实验方面开展了一些基础性的研究工作，由于实际应用领域的多样性以及激光与熔石英材料相互作用过程的复杂性，尚有许多问题和研究工作需要探索和解决。

（1）熔石英材料中的杂质分布具有随机的特性，今后在计算模型中考虑实际情况下的分布特性将有助于深入了解激光与熔石英材料的相互作用过程。

（2）研究不同湿度、温度和压强等环境条件变化下对激光与熔石英材料相互作用过程的影响。

（3）研究不同脉冲宽度激光、不同波长激光及其各种组合形式的激光与熔石英材料相互作用的过程，并对其作用机理进行研究。

参 考 文 献

[1] 程健，牛玉宝，王景贺，等. 熔石英材料特性分析及实验研究[J]. 光学技术，2018，44(6)：651−656.

[2] Beaudier A，Wagner F R，Natoli J Y. Using NBOHC fluorescence to predict multi-pulse laser-induced damage in fused silica[J]. Optics Communications，2017，402：535−539.

[3] Moses E I，Campbell J H，Stolz C J. The national ignition facility：the world's largest optics and laser system. SPIE，2003，5001：1−15.

[4] Moses E I. National ignition facility：1.8MJ 750TW ultraviolet laser[J]. Proceedings of SPIE-The International Society for Optical Engineering，2004，5341：13-24.

[5] 刘红婕，王凤蕊，罗青，等. K_9 和熔石英玻璃纳秒基频激光损伤特性的实验对比研究[J]. 物理学报，2012，61(7)：363-367.

[6] Norton M A，Donohue E E，Hollingsworth W G，et al. Growth of laser initiated damage in fused silica at 1053nm[J]. Proceedings of Spie-the International Society for Optical Engineering，2005，5647：197-205.

[7] Génin F Y，Salleo A，Pistor T V，et al. Role of light intensification by cracks in optical breakdown on surfaces[J]. Journal of the Optical Society of America A Optics Image Science & Vision，2001，18(10)：2607-2616.

[8] Bloembergen N. Role of cracks, pores, and absorbing inclusions on laser induced damage threshold at surfaces of transparent dielectrics[J]. Applied Optics，1973，12(4)：661-664.

[9] Hunt J S. National ignition facility performance review 1999[J]. Applied Optics，2000，46(16)：3276-3303.

[10] Shen Z H，Zhang S Y，Lu J，et al. Mathematical modeling of laser induced heating and melting in solids[J]. Optics & Laser Technology，2001，33(8)：533-537.

[11] Felter T E，Hrubesh L，Kubota A，et al. Laser damage probability studies of fused

silica modified by MEV ion implantation[J]. Nuclear Instruments and Methods in Physics Research B，2003，207(1)：72-79.

[12] Ngoi B K A，Venkatakrishnan K， Lim E N L，et al. Effect of energy above laser-induced damage thresholds in the micromachining of silicon by femtosecond pulse laser[J]. Optics and Lasers in Engineering，2001，35(6)：361-369.

[13] Pusel A，Wetterauer U，Hess P. Photochemical hydrogen desorption from H-terminated silicon(111) by VUV photons[J]. Physical Review Letters，1998，81(3)：235-236.

[14] Perez D，Lewis L J . Ablation of solids under femtosecond laser pulses[J]. Physical Review Letters，2002，89(25)：255504.

[15] Link S，Burda C，Mohamed M B，et al. Laser photothermal melting and fragmentation of gold nanorods：energy and laser pulse-width dependence[J]. Journal of Physical Chemistry A，1999，103(9)：1165-1170.

[16] 邱荣. 强激光诱导光学元件损伤的研究[D]. 绵阳：中国工程物理研究院,2013.

[17] 周锐,李峰平,洪明辉. 激光与物质相互作用及其精密工程应用[J]. 中国科学，2017，47(2)：25-34.

[18] Walker T W，Guenther A H，Nielsen P E . Pulsed laser-induced damage to thin-film optical coatings-Part I: experimental[J]. IEEE Journal of Quantum Electronics，1981，17(10)：2041-2052.

[19] Yoshida K，Tochio N，Ohya M，et al. Laser-induced damage of overcoated materials at high humidity[J]. International Society for Optics and Photonics，2000，53(10)：169-174.

[20] Bonneau F，Combis P，Rullier J L，et al. Study of UV laser interaction with gold nanoparticles embedded in silica[J]. Applied Physics B，2002，75(8)：803-815.

[21] Bonneau F，Combis P，Rullier J L，et al. Numerical simulations for description of UV laser interaction with gold nanoparticles embedded in silica[J]. Applied Physics B，2004，78(2)：447-452.

[22] 李明，张宏超，沈中华，等. 脉冲激光导致水光学击穿阈值计算的简化模型[J]. 红外与激光工程，2005，34(6)：660-663.

[23] 韩晓玉，杨小丽. 激光大气击穿阈值的数值分析[J]. 强激光与粒子束，2005，17(11)：1655-1659.

[24] 夏志林，邵建达，范正修. 在短脉冲激光作用下薄膜的损伤机制[J]. 材料研究学报，2006，20(6)：581-586.

[25] 周维军，袁永华，桂元珍. 激光辐照 TiO_2/SiO_2 薄膜损伤时间简捷测量[J]. 激光技术，2007，31(4)：381-383.

[26] Papemov S，Schmid A W. Laser-induced surface damage of optical materials: absorption sources, initiation, growth, and mitigation[J]. Proc. of SPIE，2008，38(3)：7132-7133.

[27] 窦如凤. 长脉冲激光致介质薄膜损伤机理与阈值测量研究[D]. 南京：南京理工大学，2009.

[28] 张平，卞保民，钱彦，等. 空气击穿过程中电子损耗对击穿阈值的影响[J]. 激光技术，2009，29(5)：501-506.

[29] Bercegol H，Grua P. Fracture related initiation and growth of surface laser damage in fused silica[J]. Proceedings of Spie the International Society for Optical Engineering，2008，71(32)：713218-713213.

[30] Bertussi B，Cormont P，Stéphanie Palmier，et al. Initiation of laser-induced damage sites in fused silica optical components[J]. Optics Express，2009，17(14)：11469-11479.

[31] Norton M A，Carr A V，Caxr C W，et al. Laser damage growth in fused silica with simultaneous 351nm and 1053nm irradiation[J]. SPIE 2008，45(34)：71321H.

[32] Negres R A，Norton M A，Cross D A，et al. Growth behavior of laser-induced damage on fused silica optics under UV, ns laser irradiation[J]. Optics Express，2010，18(19)：19966-19976.

[33] Chen C，Wang B，Li B B，et al. Energy transport of laser-driven moving optical discharge in air[J]. Journal of Physics D：Applied Physics，2013，46(46)：195202-195208.

[34] Pan Y X，Zhang H C，Chen J，et al. Millisecond laser machining of transparent materials assisted by nanosecond laser[J]. Optics Express，2015，2323(2)：765-775.

[35] Doualle T，Gallais L，Cormont P，et al. Thermo-mechanical simulations of CO_2 laser-fused silica interactions[J]. Journal of applied physics，2016，119(11)：113106_1-113106_10.

[36] 高翔，邱荣，周国瑞，等. 熔石英亚表面杂质对激光损伤概率的影响[J]. 红外与激光工程，2017，46(4)：30-35.

[37] 张丽娟，张传超，陈静，等. 激光诱导熔石英表面损伤修复中的气泡形成和控制研究[J]. 物理学报，2018，67(1)：247-253.

[38] 邱荣，蒋勇，郭德成，等. 多波长辐照下熔石英光学元件的损伤及损伤增长[J]. 强激光与粒子束，2019，31(8)：16-21.

[39] 邱荣，蒋勇，郭德成，等. 多波长激光同时辐照下熔石英元件的损伤研究[J]. 强激光与粒子束，2020，32(1)：66-70.

[40] Ni X W, Lu J, He A Z, et al. The study of laser-produced plasma on dielectric thin films[J]. Optics Communications, 1989, 74(3-4)：185-189.

[41] Guenther K H, Humpherys T W, Balmer J, et al. 1.06μm laser damage of thin film optical coatings: a round-robin experiment involving various pulse lengths and beam diameters[J]. Applied Optics, 1984, 23(21)：3743-3752.

[42] Standards S. Lasers and laser-related equipment-determination of laser-induced damage threshold of optical surfaces [J]. ISO 11254-1, 2008, 16(13)：9443-9458.

[43] Hopper R W, Ublmann D R. mechanism of inclusion damage in laser glass[J]. Journal of Applied Physics, 1970, 41(10)：4023-4037.

[44] Smith H M, Turner A F . Vacuum deposited thin films using a ruby laser[J]. Applied Optics, 1965, 4(1):147-148.

[45] McNeill D A, Morrow T,Dawson P. Contrasting damage characteristics in direct incidence and surface plasmon mediated single-shot laser ablation of aluminium films[J]. Applied Surface Science, 1998, 127：46-52.

[46] 夏晋军，程雷，龚辉，等. 光学材料的多脉冲激光损伤研究[J]. 光学学报，1997，17(2)：231-236.

[47] 姜雄伟，邱建荣，朱从善，等. 飞秒激光作用下光学玻璃和激光玻璃的光致暗化及其 ESR 研究[J]. 物理学报，2001，50 (5)：871-874.

[48] Salleo A, Genin F Y, Feit M D, et al. Energy deposition at front and rear surfaces during picosecond laser interaction with fused silica[J]. Applied Physics Letters, 2001, 78(19)：2840-2842.

[49] Bulgakova N M, Bourakov I M . Phase explosion under ultrashort pulsed laser ablation: modeling with analysis of metastable state of melt[J]. Applied Surface Science, 2002, 19（7）：41-44.

[50] Sharp R, Runkel M J. Automated damage onset analysis techniques applied to KDP damage and the Zeus small-area damage test facility[J]. SPIE, 2004, 39(2)：361-368.

[51] Badziak J, Hora H, Woryna E, et al. Experimental evidence of differences in properties of fast ion fluxes from short-pulse and long-pulse laser-plasma

interactions[J]. Physics Letters A, 2005, 315(6): 452-457.

[52] Yoshida K, Umemura N. Influence of beam spatial distribution on the laser damage of optical material[J]. J Appl Phys, 2006, 49(8): 3815-3819.

[53] 胡建平, 张问辉, 段利华, 等. K₉玻璃表面的1064nm激光损伤[J]. 激光杂志, 2006, 27(3): 59-60.

[54] 黄进, 任寰, 吕海兵, 等. 三种不同波长的激光对熔石英损伤行为的对比研究[J]. 光学与光电技术, 2007, 5(6): 5-8.

[55] Wu B, Bartch U, Jupé M, et al. Morphology investigations of laser-induced damage[J]. SPIE, 2007, 64(3): 11-17.

[56] 韩敬华, 冯国英, 杨李茗, 等. 纳秒激光在K₉玻璃中聚焦的损伤形貌研究[J]. 物理学报, 2008, 57(9): 5559-5564.

[57] 周明, 赵元安, 李大伟, 等. 1064nm和532nm激光共同辐照薄膜的损伤[J]. 中国激光, 2009, 36(11): 3050-3054.

[58] 戴罡, 陆建, 王斌, 等. 脉宽1ms和10ns的激光损伤光学薄膜元件的比较分析[J]. 激光技术, 2011, 35(4):477-480.

[59] 王斌. 不同脉宽激光致光学薄膜元件损伤特性和机理分析[D]. 南京: 南京理工大学, 2013.

[60] 邱荣, 王俊波, 任欢, 等. 纳秒激光诱导损伤熔石英玻璃的动力学过程[J]. 强激光与粒子束, 2013, 25(11): 2882-2886.

[61] 范卫星, 王平秋, 韩敬华, 等. 重复激光脉冲作用下薄膜损伤演化规律研究[J]. 激光技术, 2014, 38(2): 210-213.

[62] Spadaro M C, Fazio E, Neri F, et al. On the influence of the mass ablated by a laser pulse on thin film morphology and optical properties[J]. Applied Physics A, 2014, 117(5): 137-142.

[63] Bukharin M A, Khudyakov D V, Vartapetov S K. Heat accumulation regime of femtosecond laser writing in fused silica and Nd:phosphate glass[J]. Applied Physics A, 2015, 119(1): 397-403.

[64] 严会文, 白忠臣, 陆安江, 等. 激光与熔融石英作用的温度累积研究[J]. 应用激光, 2015, 35(1): 44-47.

[65] Sharma S P, Oliveira V, Vilar R. Morphology and structure of particles produced by femtosecond laser ablation of fused silica[J]. Applied Physics A, 2016, 122(4): 1-8.

[66] Génin F Y, Salleo A, Pistor T V, et al. Role of light intensification by cracks in optical breakdown on surfaces[J]. Journal of the Optical Society of America A,

2001, 18(10): 2607-2616.

[67] Carr C W, Radousky H B, Demos S G. Wavelength dependence of laser-induced damage: determining the damage initiation mechanisms[J]. Physical Review Letters, 2003, 91(12): 127402.

[68] Van Stryland E W, Soileau M J, Smirl A L, et al. Pulse-width and focal-volume dependence of laser-induced breakdown[J]. Physical Review B, 1981, 23(5): 2144-2151.

[69] Loeschner U, Mauersberger S, Ebert R, et al. Micromachining of glass with short ns pulses and highly repetitive fs laser pulses[J]. Proc. of ICALEO, 2008, 10(1): 193-201.

[70] Wang B, Qin Y, Ni X W, et al. Effect of defects on long-pulse laser induced damage of two kinds of optical thin films[J]. Applied Optics, 2010, 49(29): 5537-5544.

[71] Sircar A, Dwivedi R K, Thareja R K. Laser induced breakdown of Ar, N_2 and O_2 gases using 1.064, 0.532, 0.355 and 0.266 μm radiation[J]. Applied Physics B, 1996, 63(6): 623-627.

[72] Usov S V, Minaev I V. High-power impulse YAG laser system for cutting, welding and perforating of super hard materials[J]. Journal of Materials Processing Technology, 2004, 149(1-3): 541-545.

[73] Diener K, Gernandt L, Moeglin J P, et al. Study of the influence of the Nd: YAG laser irradiation at 1.3μm on the thermal mechanical optical parameters of germanium[J]. Optics and Lasers in Engineering, 2005, 43(11): 1179-1192.

[74] 孙承纬. 激光辐照效应[M]. 北京: 国防工业山版社, 2002.

[75] Ji Z, Wu S. FEM simulation of the temperature field during the laser forming of sheet metal[J]. Journal of Materials Processing Technology, 1998, 74(1): 89-95.

[76] Li Z W, Wang X, Shen Z H, et al. Numerical simulation of millisecond laser-induced damage in silicon based positive intrinsic negative photodiode[J]. Applied Optics, 2012, 51(14): 2759-2766.

[77] Yao J, Xu C, Ma J, et al. Effects of deposition rates on laser damage threshold of TiO_2/SiO_2 high reflectors[J]. Applied Surface Science, 2009, 255(9): 4733-4737.

[78] Stegman R L, Schriempf J T, Hettche L R. Experimental studies of laser-supported absorption waves with 5ms pulses of 10.6μ radiation[J]. Journal of Applied Physics, 1973, 44(8): 3675-3681.

[79] Capitelli M, Colonna G, Gorse C, et al. Transport properties of high temperature air in local thermodynamic equilibrium[J]. European Physical Journal D Atomic Molecular & Optical Physics, 2000, 11(2): 279-289.

[80] Badziak J, Hora H, Woryna E, et al. Experimental evidence of differences in properties of fast ion fluxes from short-pulse and long-pulse laser-plasma interactions[J]. Physics Letters A, 2003, 315(6): 452-457.

[81] Alvisi M, Giulio M D, Marrone S G, et al. HfO$_2$ films with high laser damage threshold[J]. Thin Solid Films, 2000, 358(1-2): 250-258.

[82] Dai G, Chen Y B, Lu J, et al. Analysis of laser induced thermal mechanical relationship of HfO$_2$/SiO$_2$ high reflective optical thin film at 1064 nm[J]. Chinese Optics Letters, 2009, 7(7): 601-604.

[83] Xu Y, Zhang B, Fan W H, et al. Sol-gel broadband anti-reflective single-layer silica films with high laser damage threshold[J]. Thin Solid Films, 2003, 440(1/2): 180-183.

[84] Milam D, Bradbury R A, Bass M . Laser damage threshold for dielectric coatings as determined by inclusions[J]. Applied Physics Letters, 1974, 23(12): 654-657.

[85] Singh R, Narayan J. Pulsed-laser evaporation technique for deposition of thin films: physics and theoretical model[J]. Physical Review B, 1990, 41(13): 8843-8859.